快手廚娘的 創業秘笈

平民街頭的米其林小吃料理

快手廚娘
張麗蓉——著

成功的定義～

每一個人對成功的定義都不同、因為每個人所面臨的人生經歷都不一樣，所以想法就會不一樣，年輕時總以為能擁有財富、地位與權力的三收，才算是成功的定義！現在回想，其實那只是年少無知的夢想罷了！年紀漸長經歷了現實的社會洗滌，才漸漸領悟了夢想與現實，其實不是那麼容易實現的啊！

年紀更長，更了解到要如何在人生中給自己一個定位和方向！

由於家祖先人從事總舖師的工作，以致個人自幼即承習遺傳，對烹飪產生了濃厚的興趣與學習的熱忱，歷經多年的四處求藝與自行創新研發，精研烹飪與烘焙各式創業料理，近十幾年來又於海內外及各廚藝教室傳授技藝，幫助學員創業、習得一技之長，同時也教授烘焙證照班，其中考取證照的學員更是不計其數！想想今後如果有能力能幫助到更多的人，那將是一件很有意義的事情啊！

從教創業料理到輔導學員考取烘焙證照等等！過去都是以授人以魚為出發點，但如今的我想法改變了，認為**與其授人以魚，不如授人以漁**！人，生來是偶然、回去是必然的！真的沒有什麼好放不下的！於是我竭盡所能地調整配方整理講義，才有了快手廚娘的創業秘笈這本書的誕生！我不敢說能幫助到大家什麼，但我希望這本書的出版，能讓有些人的人生變得不一樣！

此書雖不能說是我生平的代表作（限於篇幅有限）但我仍然會竭盡所能努力的把它做得更完美，希望對想創業的同學好朋友們有一點點小小的幫助！如今成功的定義對我而言，是我能幫助多少的人？而不是我能夠贏過多少人？能擁有多少的名與利？年紀越長，精神上的歡愉比起物質上的獲得，能帶給我的是更大的心靈快樂！

最後本書能夠順利完成、要感謝許多同學和好朋友們的協助，才能順利完成此書的拍攝！感恩有你們！！

更要感謝多位企業的大老闆對於快手廚娘能力的肯定，給予此書許多的贊助與支持！在此我將全力的回饋給一向支持鼓勵我的學生和粉絲們！再一次感謝您們！感恩！最後祝大家闔家平安！健康快樂！

快手廚娘　張麗蓉
（Lisa）

CONTENTS

Part 2 餃類 40

CONTENTS

| Part 1 |

小菜

小菜的魅力無窮，有著讓人一口接著一口的
魔力，泡菜、肉乾、鐵蛋、老芋丸等都是最
頂級的美味！讓快手廚娘帶您一起做出一道
道美味的小菜！

白玉漬物

材料 (g)

白蘿蔔	1500	鮮奶	150
細砂糖	300	糯米白醋	150
鹽	35		

做法

白蘿蔔不去皮，皮刷乾淨。

切 3×3 公分大塊狀。

細砂糖、鹽、糯米白醋先攪拌均勻，再加入鮮奶。

使用大塑膠袋。

放入切好的白蘿蔔。

倒入調好的醃汁，混合均勻，常溫發酵1天，再放入冰箱冷藏發酵 6～7 天，即完成。

快 手 廚 娘 小 撇 步

＊ 使用進口的長蘿蔔，比較不會辣口，較適合拿來做醃漬物。

＊ 發酵一週之後，倒出湯汁，將泡菜裝瓶冷藏保存，賞味期限 30 天。

紅麴蘿蔔泡菜

材料（g）

白蘿蔔	1000	鹽	25
細砂糖	200	鮮奶	100
紅麴粉	1大匙	糯米白醋	100

做法

白蘿蔔不去皮，皮刷乾淨。

切 3×3 公分大塊狀。

細砂糖、紅麴粉、鹽、糯米白醋先攪拌均勻，再加入鮮奶。

使用大塑膠袋。

放入切好的白蘿蔔。

倒入調好的醃汁，混合均勻，常溫發酵1天，再放入冰箱冷藏發酵 6 ～ 7 天，即完成。

快手廚娘小撇步

＊ 使用進口的長蘿蔔，比較不會辣口，較適合拿來做醃漬物。

＊ 發酵一週之後，倒出湯汁，將泡菜裝瓶冷藏保存，賞味期限 30 天。

黃金鴉片泡菜

▋材料 (g)

A		B				C	
高麗菜	1500	白醋	240	蒜泥	50	紅蘿蔔絲	1/2 條
鹽	1 大匙	細砂糖	100	芝麻醬	4 大匙		
飲用水	120	香油	4 大匙	韓國辣椒粉	2 大匙		

▋做法

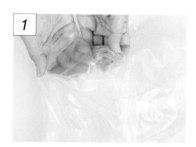

1

使用大塑膠袋。

2

高麗菜洗淨,剝成大片瀝乾,放入大塑膠袋中。

3

材料 A 的鹽、飲用水攪拌均勻,加入高麗菜中。

4

混合拌勻,靜置 30 ～ 40 分鐘,軟化後瀝乾水分。

5

材料 B 混合拌勻。

6

將材料 C、混合好的材料 B 加入軟化的高麗菜中,混合拌勻後,放冰箱冷藏半天即可食用。

—— 快 手 廚 娘 小 撇 步 ——

＊ 此配方的高麗菜約為 1 顆量,約兩斤半。

＊ 如果製作的份量較多,材料 B 可以使用果汁機打成泥。

＊ 食素者,不要加材料中的蒜泥,即為素食。

＊ 材料中加入韓國辣椒粉,可以增加色澤,又不會太辣。

＊ 醃好的黃金鴉片泡菜可存放在密封罐中保存。

加入韓國辣椒粉
可增加色澤!

五香鹹豬肉

材料（g）

A		B				C	
五花肉 （切成3條）	1200	鹽	30	黑胡椒粉	1大匙	細砂糖	1大匙
		味精	25	花椒粉	1大匙	蒜末	2大匙
		細砂糖	1大匙	蒜末	120	白醋	3大匙
		五香粉	1大匙	高粱酒	60	生辣椒末	適量
		白胡椒粉	1大匙				

做法

五花肉切 2 公分厚度，使用叉子將兩面刺洞。

材料 B 混合拌勻。均勻塗抹在五花肉上。

放入塑膠袋中，醃 3～4 天，每天需取出上下翻面。

醃好的五花肉洗淨，放入電鍋外鍋 1 杯水蒸熟，蒸熟後，平鋪於烤盤，放入烤箱上下火 200℃，烤 15 分鐘上色，即可食用。

快手廚娘小撇步

＊ 食用前，可先將材料 C 混合拌勻，作為沾醬使用。

＊ 食用時要切成薄片，搭配蒜苗吃，更添美味！

＊ 蒸好的鹹豬肉，也可以用平底鍋煎至兩面金黃即可食用。

＊ 使用五花肉 2 斤，或者是三層肉切 3 條皆可。

＊ 使用叉子戳洞，能使鹹豬肉更加入味。

叉子戳洞更入味哦！

酥炸紅糟肉

材料 (g)

A	B			C	
五花肉　1000 （切成3條）	鹽　2 茶匙	細砂糖　3～4 大匙		地瓜粉　1 杯	
	白胡椒粉　2 茶匙	紅糖醬　3 大匙		中筋麵粉　1/3 杯	
	味素　1 大匙	蒜泥　4 大匙			
	米酒頭　3 大匙				

做法

1　五花肉切成 3 條，約 1 公分厚，去皮，使用叉子戳洞可快速入味。

2　材料 B 混合拌勻，均勻抹在五花肉上。

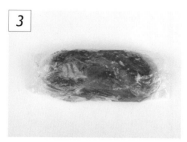

3　放入塑膠袋中，冷藏 3～4 天取出。

4　醃好後取出，沾上混合好的材料 C。

5　靜置數分鐘，等待反潮。

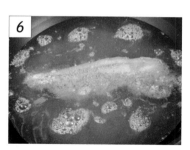

6　放入 130～140℃ 油鍋中，小火炸約 10～12 分鐘至熟。

快手廚娘小撇步

＊ 食用時要切成薄片，搭配青蒜絲吃，更添美味！

＊ 也可以用蒸的（不用沾粉），使用電鍋外鍋 2 杯水蒸熟，再切條吃也很美味。

＊ 油炸時，切忌火不可太大，容易炸焦。

＊ 切條的五花肉，一條約 300 公克。

蜜汁肉乾

材料 (g)

A
豬瘦絞肉	600

B
米酒	15
紅麴粉	1/2 大匙

C
鹽	6
細砂糖	100
蜂蜜	75
白胡椒粉	1 茶匙
太白粉	2 大匙

D
水麥芽（85%）	100
熱開水	50

做法

1 材料 B 先混合拌勻。

2 豬瘦絞肉、鹽混合拌勻至出絨。

3 加入剩下的材料 C 混合拌勻。

4 再加入拌勻的材料 B 混合拌勻。放入塑膠袋後，再入冰箱冷藏 1 小時，較好操作。

做法接續後頁 ▶▶▶

快手廚娘小撇步

＊ 豬瘦絞肉要使用全瘦的，細絞 2 次的，才夠細緻。

＊ 紅麴粉可加可不加，加了可以增添肉乾色澤。

＊ 使用蜂蜜可使肉乾較不甜膩，風味更好。

準備一個塑膠袋，倒入沙拉油 1 大匙。

輕輕推開，不要用搓的，塑膠袋上會有皺褶。

將拌勻的絞肉放入袋中。

輕輕壓平推開，厚度約 0.5 公分厚。

可使用刮版輔助。

如果袋中有空氣，可以使用針刺破，將空氣擠出。

整形好後，可再用擀麵棍調整好平均厚度。

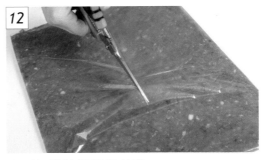

整形好後將塑膠袋剪開。

蓋上烤焙紙。

兩手平行，抓住兩角，拉直，一氣呵成翻面。

將塑膠袋撕開。

放上烤盤，上下火 180℃，烤約 25 ～ 30分鐘。

取出，刷上混合好的材料 D 麥芽糖水，翻面再刷一次，再烤 15 分鐘。

再取出，刷上混合好的材料 D，翻面，再烤 8 ～ 10 分，烤乾後放涼，再切片，即完成。

─── 快 手 廚 娘 小 撇 步 ───

＊ 材料 D 中，一定要使用熱開水，水麥芽才會溶化，才會較好刷面。

＊ 此配方肉乾，無添加防腐劑，建議切片後放冷凍保存，要吃時可放置平底鍋小火乾煎，或是放入烤箱上下火 100/120℃，烤約 8 ～ 10 分鐘，放涼後即可食用。

＊ 以上爐溫為參考，請以自家爐溫作調整。

黑胡椒肉乾

材料 (g)

A

豬瘦絞肉	600

B

米酒	15
紅麴粉	1/2 大匙

C

鹽	6
細砂糖	60
蜂蜜	45
白胡椒粉	1 茶匙
太白粉	2 大匙
粗黑胡椒粒	4 大匙

D

水麥芽（85%）	100
熱開水	50

做法

材料 B 先混合拌勻。

豬瘦絞肉加入鹽。

攪拌至出絨。

加入剩下的材料 C 以及混合好的材料 B。

攪拌均勻後，放入冰箱冷藏 1 小時，較好操作。

參考蜜汁肉乾作法的 *P.22 ～ P.23*。完成黑胡椒肉乾。

快 手 廚 娘 小 撇 步

＊ 豬瘦絞肉要使用全瘦的，細絞 2 次的，才夠細緻。

＊ 紅麴粉可加可不加，加了可以增添肉乾色澤。

＊ 使用蜂蜜可使肉乾較不甜膩，風味更好。

＊ 材料 D 中，一定要使用熱開水，水麥芽才會溶化，才會較好刷面。

＊ 此配方肉乾，無添加防腐劑，建議切片後放冷凍保存，要吃時可放置平底鍋小火乾煎，或是放入烤箱上下火 100/120℃，烤約 8 ～ 10 分鐘，放涼後即可食用。

＊ 以上爐溫為參考，請以自家爐溫作調整。

麻辣肉乾

材料 (g)

A		C				D	
豬瘦絞肉	600	鹽	6	白胡椒粉	1 茶匙	水麥芽（85%）	100
		細砂糖	60	太白粉	2 大匙	熱開水	50
B		蜂蜜	45	辣椒粉	1 茶匙		
米酒	15	肉桂粉	1/4 茶匙	花椒粉	2 大匙		
紅麴粉	1/2 大匙						

做法

1 材料 B 先混合拌勻。

2 豬瘦絞肉加入鹽。

3 攪拌至出絨。

4 加入剩下的材料 C 以及混合好的材料 B。

5 攪拌均勻後，放入冰箱冷藏1 小時，較好操作。

6 參考蜜汁肉乾作法的 *P.22 ～ P.23*。完成麻辣肉乾。

快 手 廚 娘 小 撇 步

＊ 豬瘦絞肉要使用全瘦的，細絞 2 次的，才夠細緻。

＊ 紅麴粉可加可不加，加了可以增添肉乾色澤。

＊ 使用蜂蜜可使肉乾較不甜膩，風味更好。

＊ 材料 D 中，一定要使用熱開水，水麥芽才會溶化，才會較好刷面。

＊ 此配方肉乾，無添加防腐劑，建議切片後放冷凍保存，要吃時可放置平底鍋小火乾煎，或是放入烤箱上下火 100/120℃，烤約 8 ～ 10 分鐘，放涼後即可食用。

＊ 以上爐溫為參考，請以自家爐溫作調整。

五香茶葉蛋

材料 (g)

A			C		
雞蛋	20 顆		醬油		200
			冰糖		1 大匙
B			五香粉		3 大匙
鐵觀音茶包	4 包		可樂		200
萬用滷包	1 包		鹽		1 大匙
水	1500				

┃做法

1

雞蛋先用針刺小洞，煮好後會比較好剝。

2

涼水下雞蛋煮 20 分鐘熄火，加蓋燜 5 ～ 10 分鐘，可用筷子夾雞蛋，如果可以夾起，即是煮熟。

3

使用湯匙輕敲蛋殼。

4

將蛋剝殼，擺上好看的香菜。

5

用紗布包起來，綁緊，備用。

6

材料 B 的水煮開，加入茶包、滷包，熄火燜 10 分鐘。

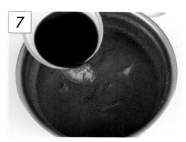

7

加入材料 C 攪拌均勻。

8

將包好的蛋放入滷汁中，小火煮 20 ～ 30 分鐘。

9

熄火泡放至涼，再重複小火煮 30 分鐘，重複煮 2 次，泡隔夜，再煮滾一次，放涼即完成。

───（快）（手）（廚）（娘）（小）（撇）（步）───

＊ 雞蛋 20 顆的量，大概是一個 10 人電鍋的份量。

＊ 重複煮 2 次的步驟，也可使用電鍋煮，重複煮 3 次，外鍋皆放 1 杯水即可。

＊ 如果沒有萬用滷包，也可以用八角 3 ～ 4 個加桂皮 2 片代替。

＊ 加可樂熬煮味道會比較甘醇美味。

麻辣茶葉蛋

材料 (g)

A		B		C			
雞蛋	20 顆	鐵觀音茶包	4 包	醬油	200	鹽	1 大匙
		花椒粒	20	冰糖	1 大匙	雞心辣椒粉	20
		月桂葉	3～4 片	五香粉	3 大匙	宮保辣椒	3～4 條
		桂皮	2 片	可樂	200		
		水	1500				

做法

1

涼水下雞蛋煮 20 分鐘熄火，加蓋燜 5～10 分鐘，可用筷子夾雞蛋，如果可以夾起，即是煮熟。

2

使用湯匙輕敲蛋殼。

3

材料 B 的水煮開，加入茶包、滷包 (放入花椒粒、月桂葉、桂皮)，熄火燜 10 分鐘。

4

加入材料 C 攪拌均勻。

5

將煮好的蛋放入滷汁中，小火煮 20～30 分鐘。

6

熄火泡放至涼，再重複小火煮 30 分鐘，重複煮 2 次，泡隔夜，再煮滾一次，放涼即完成。

快手廚娘小撇步

＊ 雞蛋 20 顆的量，大概是一個 10 人電鍋的份量。

＊ 重複煮 2 次的步驟，也可使用電鍋煮，重複煮 3 次，外鍋皆放 1 杯水即可。

＊ 加可樂熬煮味道會比較甘醇美味。

＊ 花椒粒可斟酌增減；雞心辣椒粉可依照個人喜好調整。

＊ 宮保辣椒也稱作二荊條，也就是乾辣椒。

＊ 亦可依個人口味斟酌加少許豆瓣醬一起滷煮，增加風味。

香酥老芋丸

材料 (g)

A	B	C
芋頭（淨重）　600	細砂糖　　　　　　120 沙拉油（或豬油）　3 大匙 太白粉　　　100 ～ 120	鹹蛋黃　　　　5 顆 肉鬆　　　　　適量
		D
		粗粒地瓜粉　適量

做法

1 芋頭去皮，切成薄片蒸 20 分鐘取出 (筷子可插入即可)。

2 放入調理機中，加入材料 B 打成芋泥狀。

3 將鹹蛋黃噴一點米酒醃去腥味，用上下火 150℃ 烤 12 ～ 15 分鐘後再對半切，備用。

4 將芋泥取出，分割每個約 50 ～ 60 公克。

5 將分割好的芋泥做出凹洞。

6 放入適量的肉鬆或肉脯均可。

7 包入鹹蛋黃，收口收緊。

8 搓圓，裹上地瓜粉。

9 取一個油鍋，中低溫炸至呈金黃色即可。

快 手 廚 娘 小 撇 步

＊ 芋泥中的細砂糖份量可自行增減。

＊ 粗粒地瓜粉可以改成麵包粉。

香橙芋丸

材料 (g)

A		B		C	
芋頭（淨重）	600	細砂糖	120	蜜橙皮	適量
		沙拉油（或豬油）	3 大匙	D	
		太白粉	100～120	粗粒地瓜粉	適量

做法

1 芋頭去皮，切成薄片蒸 20 分鐘取出（筷子可插入即可）。

2 放入調理機中，加入材料 B 打成芋泥狀。

3 將芋泥取出，分割每個約 50～60 公克，做出凹洞。

4 包入適量的蜜橙皮。

5 收口收緊。

6 搓成圓柱狀。

7 裹上地瓜粉。

8 取一個油鍋，中低溫炸至呈金黃色即可。

快手廚娘小撇步

＊ 芋泥中的細砂糖份量可自行增減。

＊ 粗粒地瓜粉可以改成麵包粉。

＊ 也可包其他蜜餞做口味變化。

可自行做口味變化

廚娘鐵蛋

小鐵蛋

蜜汁豆干

材料（g）		
A		
雞蛋	20 顆	
熟鵪鶉蛋	2 斤	
豆干	2 斤	
B		
萬用滷包	1 包	
水	800	
醬油	450	
冰糖	250	
黑糖粉	400	
黑糖蜜	150	

雞蛋圓端先用針刺小洞，煮好後會比較好剝。

涼水下雞蛋煮 20 分鐘熄火，加蓋燜 5～10 分鐘，可用筷子夾雞蛋，如果可以夾起，即是煮熟。

雞蛋放入涼水中，互敲，再剝殼會較好剝。

三種食材皆是用同一種滷汁製作，將材料 B 混合煮滾。

廚娘鐵蛋：滷汁煮滾後放入剝好的雞蛋。

廚娘小鐵蛋：滷汁煮滾後放入熱水燙過的鵪鶉蛋。

蜜汁豆干：滷汁煮滾後放入熱水燙過的豆干。

三種食材的煮法皆相同，放入食材後煮滾，小火不加蓋煮 30 分鐘，熄火加蓋室溫放涼。再煮開，再用小火不加蓋煮 30 分鐘，熄火加蓋泡至隔夜。第二天煮開，小火不加蓋煮 30 分鐘，熄火加蓋室溫放涼，即完成。

快 手 廚 娘 小 撇 步

＊ 萬用滷包使用市售滷包即可，也可以使用八角 4～5 顆取代 (使用時用紗布袋裝好)。

＊ 滷的時候火力不要太大，如火太大豆干膨脹，會造成蜂巢狀變得太鹹口。

＊ 滷豆干時，在最後一次加熱時，可以加入 1 碗沙拉油，會讓蜜汁豆干更加有亮度且保濕。

豆干炒小魚乾

材料 (g)

A					B	
小豆干	300	小辣椒	2 支		細砂糖	1/2 大匙
青蒜	2 根	蒜末	80		雞粉	1 大匙
糯米椒	150	丁香小魚乾	150		白胡椒粉	2 茶匙
大辣椒	5 支	沙拉油	3 大匙		米酒	2 大匙

做法

1 豆干切絲，糯米椒切斜片，大辣椒、小辣椒去籽切斜片，青蒜切絲分蒜綠、蒜白。

2 熱鍋放入沙拉油，加入丁香小魚乾，拌炒至金黃焦香，小魚乾才不會有腥味。

3 再放入蒜末、蒜白拌炒均勻，出香味後再加入豆干絲，炒至焦香。

4 放入糯米椒片、大辣椒片、小辣椒片，炒香。

5 加入材料 B 拌炒均勻，起鍋前放入青蒜絲，即完成。

超級下飯的一道菜！

快 手 廚 娘 小 撇 步

＊ 如果喜歡吃比較辣的，辣椒可以先用油爆香，才會有辣味。

Part 2

餃類

最常見的美食：水餃、鍋貼、煎餃，但如何做出美味又美麗的餃類呢？廚娘的小撇步帶您一起揭開美味的秘辛！跟著廚娘一步一步做出好吃又營養滿分的料理！

餃類前言

鮮肉餡示範 **P.43**		▶ 水餃的鮮肉餡都是通用的，要先製做好鮮肉餡料，再搭上其他食材就可以變換出不同的水餃。
水餃包法示範 **P.44**		▶ 水餃的包法，可以依照喜好做變換，這邊提供五種包法供讀者參考，能多方嘗試，挑選出最適合的包法。
水餃裝盒示範 **P.47**		▶ 裝盒的方式僅供參考，也可以買市售的水餃盒來裝，此示範裝法為簡便且不沾黏的方式。
餛飩餡示範 **P.70**		▶ 餛飩的鮮肉餡都是通用的，要先製做好鮮肉餡料，再搭上其他食材就可以變換出不同的餛飩。
餛飩包法示範 **P.71**		▶ 餛飩的包法，可以依照喜好做變換，這邊提供五種包法供讀者參考，能多方嘗試，挑選出最適合的包法。

鮮肉餡示範

| 材料 (g)

A			B			C	
豬絞肉	600		雞粉	1 大匙		蔥薑水	120
鹽	10		香油	1 大匙			
			味醂	1 大匙			
			白胡椒粉	1 茶匙			
			太白粉	1 大匙			
			青蔥末	50			

| 做法

材料 A 混合拌勻至出膠。

加入材料 B 拌勻。

分 2 ～ 3 次加入蔥薑水,拌勻,封上保鮮膜入冰箱冷藏 30 分鐘入味。

快 手 廚 娘 小 撇 步

* 豬絞肉使用肥瘦比例 2：8,粗絞即可。

* 常溫豬絞肉,加鹽拌勻,會較容易出膠;冷藏絞肉需多次攪拌才會出膠茸。

* 蔥薑水比例:蔥 10 克、薑 2 克、水 120c.c. 用果汁機打勻即可。

* 加入太白粉是為了更有黏性,使肉餡不易散開。

水餃包法示範

- 沾水用具
- 1 折包法
- 2 折包法
- 3 折包法
- 職業包法
- 一線包法

沾水用具

1 準備一張廚房紙巾、一個小碟子。(亦可用小手巾取代)

2 將廚房紙巾折小,放在小碟子上。

3 倒入一點點水,直到廚房紙巾都沾溼即可。

1 折包法

1 取一片水餃皮,將水餃皮一半沾濕。

2 包入內餡。

3 先對折,輕捏。

4 右邊的皮,往中間折起。

5 左邊的皮,往中間折起,壓在前一折上面。

6 邊緣捏緊,完成。

▋2 折包法

取一片水餃皮，將水餃皮一半沾濕，包入內餡。

先對折，輕捏。

右邊的皮，往中間折起。

同樣右邊的皮，再往中間折。

左邊的皮，往中間折。

同樣左邊的皮，再往中間折，邊緣捏緊，完成。

▋3 折包法

取一片水餃皮，將水餃皮一半沾濕，包入內餡。

先對折，輕捏，右邊的皮，往中間折起。

同樣右邊的皮，再往中間折，一樣手法再折一次，共三次。

左邊的皮，往中間折。

同樣左邊的皮，再往中間折，一樣手法再折一次，共三次。

邊緣捏緊，完成。

1

取一片水餃皮，將水餃皮一半沾濕，包入內餡。

2

先對折，輕捏。

3

兩手如圖式，握在一起，將水餃放在食指上方。

4

兩手大拇哥同時往下按。

5

往後擠壓。

6

打開即完成。

一線包法 --

1

取一片水餃皮，將水餃皮一半沾濕，包入內餡。

2

從邊緣開始輕捏。

3

邊往前捏，邊壓出折痕。

4

大拇哥輔助將餡料往內塞。

5

慢慢將水餃收口捏緊。

6

確認捏緊，即完成。

水餃裝盒示範

- 10 顆裝盒
- 20 顆裝盒

▌10 顆裝盒

準備一個乾淨絲襪，裝入玉米粉或太白粉。

取一個盒子，先拍上一層粉。

擺入 10 顆水餃，再拍上一層粉，蓋起，即完成。

▌20 顆裝盒

準備一個乾淨絲襪，裝入太白粉，盒子中先拍上一層粉。

擺入第一排水餃，蓋上一張與盒子同大小的塑膠袋。

再排入第二排水餃，拍上一層粉。

剛剛蓋上的塑膠袋，再反折蓋上。

擺入第三排水餃，剛剛反折的塑膠袋蓋回去。

將第四排水餃擺在塑膠袋上，再拍上一層粉，蓋起，即完成。

快手廚娘小撇步

＊水餃拍粉只可以使用玉米粉或太白粉，不可使用麵粉，因為麵粉有筋性，反而會沾黏。

No.
15

高麗菜水餃

材料(g) 約65個

A

豬絞肉	600
鹽	10
雞粉	1大匙
香油	1大匙
味醂	1大匙
白胡椒粉	1茶匙
太白粉	1大匙
青蔥末	50
蔥薑水	120

B

高麗菜	600
細砂糖	1茶匙
水	150

C

鹽	1/4茶匙
白胡椒粉	1/2茶匙
雞粉	1茶匙
香油	1大匙
青蔥末	30

D

市售水餃皮	65片

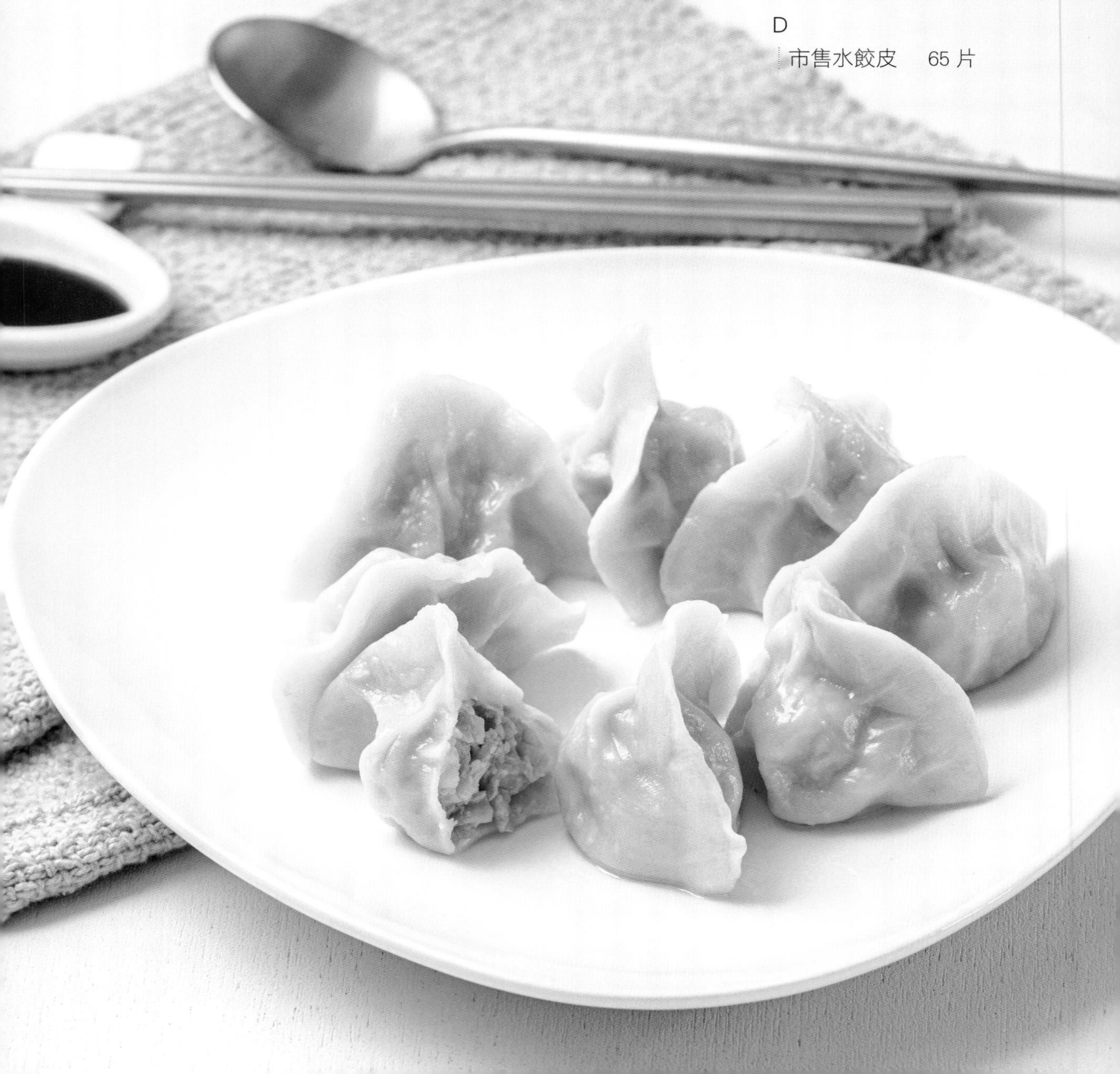

材料 A 鮮肉餡參考 *P.43* 製做。

材料 B 中高麗菜切 1×1 公分大小，加入細砂糖、水混合拌勻，靜置 30 分鐘，讓高麗菜斷生※至八分熟，擠乾水分後剩下約 300 ～ 350 公克。

取 600 公克鮮肉餡，加入斷生後高麗菜 300 公克。

再加入材料 C 混合拌勻，成高麗菜肉餡。

取一水餃皮，包入餡料 15 公克。

參考 *P.44* ～ *P.46* 包法，完成水餃，煮熟。

──── 快 手 廚 娘 小 撇 步 ────

※ 現包水餃煮法：水滾後放入水餃，煮至大滾，轉中火煮 6 ～ 7 分鐘，中間加水 2 ～ 3 次。

※ 冷凍水餃煮法：水滾後放入水餃，煮至大滾，轉中火煮 7 ～ 8 分鐘，中間加水 2 ～ 3 次。

※ 煮水餃時，可以在水中放入一支湯匙，防止水滾出來。

※ 使用鮮肉餡時，如果有剩下的肉餡，可以加蛋煎做成蛋餅或使用高麗菜包起來做高麗菜捲。

※ 斷生：俗稱的「八分熟」，即把原料加熱到無生性氣味，並接近成熟的狀態。

韭菜水餃

材料（g） 約 50 個

A

豬絞肉	600	白胡椒粉	1 茶匙
鹽	10	太白粉	1 大匙
雞粉	1 大匙	青蔥末	50
香油	1 大匙	蔥薑水	120
味醂	1 大匙		

B

韭菜	200
香油	2 大匙

C

鹽	1/2 茶匙
味醂	1 大匙

D

市售水餃皮	50 片

做法

材料 A 鮮肉餡參考 *P.43* 製做。

材料 B 混合拌勻，讓韭菜先油封，比較不會出水。

取 600 公克鮮肉餡，加入油封好的韭菜。

再加入材料 C 混合拌勻，成韭菜肉餡。

取一水餃皮，包入餡料 15 公克。

參考 *P.44 ～ P.46* 包法，完成水餃，煮熟。

快 手 廚 娘 小 撇 步

＊ 現包水餃煮法：水滾後放入水餃，煮至大滾，轉中火煮 6 ～ 7 分鐘，中間加水 2 ～ 3 次。

＊ 冷凍水餃煮法：水滾後放入水餃，煮至大滾，轉中火煮 7 ～ 8 分鐘，中間加水 2 ～ 3 次。

＊ 煮水餃時，可以在水中放入一支湯匙，防止水滾出來。

＊ 使用鮮肉餡時，如果有剩下的肉餡，可以加蛋煎做成蛋餅，就是一道美味料理。

玉米水餃

▌材料（g）　約 60 個

A

豬絞肉	600	白胡椒粉	1 茶匙
鹽	10	太白粉	1 大匙
雞粉	1 大匙	青蔥末	50
香油	1 大匙	蔥薑水	120
味醂	1 大匙		

B

玉米粒	200
青蔥末	100
鹽	2
香油	1 大匙

C

| 市售水餃皮 | 60 片 |

▌做法

材料 A 鮮肉餡參考 *P.43* 製做。

取 600 公克鮮肉餡，加入材料 B。

混合拌勻。

成玉米肉餡。

取一水餃皮，包入餡料 15 公克。

參考 *P.44 ～ P.46* 包法，完成水餃，煮熟。

━━ 快 手 廚 娘 小 撇 步 ━━

＊ 現包水餃煮法：水滾後放入水餃，煮至大滾，轉中火煮 6 ～ 7 分鐘，中間加水 2 ～ 3 次。

＊ 冷凍水餃煮法：水滾後放入水餃，煮至大滾，轉中火煮 7 ～ 8 分鐘，中間加水 2 ～ 3 次。

＊ 煮水餃時，可以在水中放入一支湯匙，防止水滾出來。

＊ 可以使用新鮮玉米粒，或是罐頭玉米 (需將水瀝乾再加入)。

宜蘭香蔥水餃

材料(g)　約 60 個

A

豬絞肉	600
鹽	10
雞粉	1 大匙
香油	1 大匙
味醂	1 大匙

白胡椒粉	1 茶匙
太白粉	1 大匙
青蔥末	50
蔥薑水	120

B

青蔥末	200
鹽	3
香油	2 大匙

C

| 市售水餃皮 | 60 片 |

做法

材料 A 鮮肉餡參考 *P.43* 製做。

取 600 公克鮮肉餡，加入材料 B。

混合拌勻。

成玉米肉餡。

取一水餃皮，包入餡料 15 公克。

參考 *P.44* ～ *P.46* 包法，完成水餃，煮熟。

快手廚娘小撇步

＊ 現包水餃煮法：水滾後放入水餃，煮至大滾，轉中火煮 6 ～ 7 分鐘，中間加水 2 ～ 3 次。

＊ 冷凍水餃煮法：水滾後放入水餃，煮至大滾，轉中火煮 7 ～ 8 分鐘，中間加水 2 ～ 3 次。

＊ 煮水餃時，可以在水中放入一支湯匙，防止水滾出來。

＊ 使用鮮肉餡時，如果有剩下的肉餡，可以加蛋煎做成蛋餅，就是一道美味的蛋煎餅。

蝦仁水餃

材料 (g) 　約 50 個

A

豬絞肉	600	白胡椒粉	1 茶匙
鹽	10	太白粉	1 大匙
雞粉	1 大匙	青蔥末	50
香油	1 大匙	蔥薑水	120
味醂	1 大匙		

B

蝦仁	200
酒	1/2 大匙
鹽	1/4 茶匙

C

市售水餃皮　50 片

做法

材料 A 鮮肉餡參考 *P.43* 製做。

取 600 公克鮮肉餡，加入蝦仁拌勻 (可以切成蝦仁丁再拌)。

混合拌勻，成蝦仁肉餡。蝦仁可先加酒調料，醃好再拌入肉餡中。

蝦仁也可以不要和鮮肉餡混合，一顆水餃包一隻蝦仁。售價可以賣得更好。

參考 *P.44* ～ *P.46* 包法，完成水餃，煮熟。

快 手 廚 娘 小 撇 步

＊ 現包水餃煮法：水滾後放入水餃，煮至大滾，轉中火煮 6 ～ 7 分鐘，中間加水 2 ～ 3 次。

＊ 冷凍水餃煮法：水滾後放入水餃，煮至大滾，轉中火煮 7 ～ 8 分鐘，中間加水 2 ～ 3 次。

＊ 煮水餃時，可以在水中放入一支湯匙，防止水滾出來。

＊ 蝦仁先去腸泥，使用米酒 10c.c. 醃製 15 分鐘去腥味。

節瓜煎餃

材料（g） 約 60 個

A

豬絞肉	600
鹽	10
雞粉	1 大匙
香油	1 大匙
味醂	1 大匙
白胡椒粉	1 茶匙
太白粉	1 大匙
青蔥末	50
蔥薑水	120

B

節瓜	400
細砂糖	1 茶匙

C

鹽	1/2 茶匙
白胡椒粉	1/2 茶匙
雞粉	1/2 茶匙
香油	1 大匙
香蒜末	30

D

市售水餃皮	60 片

E

涼水	500
中筋麵粉	30
白醋	10
香油	30

1 材料 A 鮮肉餡參考 *P.43* 製做。

2 材料 B 節瓜可切成小丁 1mm 或刨絲，加入細砂糖拌勻，待出水分斷生即可擠乾，重量約剩下 300 公克。

3 取 600 公克鮮肉餡，加入斷生後的節瓜。

4 加入材料 C，攪拌均勻成節瓜內餡。

5 取一水餃皮，包入餡料 12 ～ 15 公克，參考 *P.44* ～ *P.46* 包法，完成煎餃。

6 將材料 E 煎餃麵粉水混合拌勻。

7 取一平底鍋，熱鍋加一點點沙拉油，擺入包好的煎餃 (現包的)，先油煎 2 ～ 3 分鐘。

8 倒入煎餃麵粉水，約倒到鍋子的 1/3 高度即可，蓋上蓋子煎 6 ～ 8 分鐘至水乾，底部呈現金黃色即可。

快 手 廚 娘 小 撇 步

＊ 冷凍煎餃煮法：取一平底鍋，熱鍋加一點沙拉油，擺入包好的煎餃 (現包的)，先油煎 2 ～ 3 分鐘，再倒入煎餃麵粉水，約倒 1/2 高度，蓋上蓋子煎 8 ～ 10 分鐘至水乾，底部呈現金黃色即可。若要做冰花煎餃，油的使用量要多，底部才會酥脆，但較不健康。

＊ 煎餃麵粉水中加入白醋，在煎的時候底部比較不會黑掉。

五行花素蒸餃

※ 此圖片為未煮熟狀態

材料 (g)　約 50 個

A		B		C	
青江菜	600	鹽	2 茶匙	市售蒸餃皮　50 片	
五香豆乾	300	香菇粉	1 大匙		
紅蘿蔔碎	300	白胡椒粉	2 茶匙		
香菇乾	40	香油	6 大匙		
蝦米	60	香菜根	1 碗		

做法

1 青江菜洗淨剝開成一葉一葉，放入滾水中，汆燙 10 秒撈起漂冷水再瀝乾，切成小丁，剩下 300 公克。

2 取一鍋子，熱鍋放入切成小丁的五香豆干，炒香炒乾，起鍋備用。

3 香菇乾泡水擠乾，切成末狀，重量約 150 公克，放入熱鍋中，炒香炒乾，起鍋備用。

4 同樣手法炒乾紅蘿蔔末、蝦米，準備好五種食材。

5 將五種食材放入鍋中，再加入材料 B 拌勻即成五行花素餡。(吃全素者，可將蝦米改成豆皮或蛋)

6 取一蒸餃皮，包入餡料 12 ～ 15 公克，參考 *P.44 ～ P.46* 包法，完成蒸餃，放入蒸籠中，水滾放入，蒸 6 分鐘即可。

快 手 廚 娘 小 撇 步

＊ 如吃全素可以將蝦米換成蛋末碎 (約 1 ～ 2 顆蛋) 或油條切丁。

三鮮鍋貼

| 材料（g） | 約 60 個 |

A

豬絞肉	150	白胡椒粉	1 茶匙
蝦仁丁	150	雞粉	1 大匙
鯛魚丁	200	香油	1 大匙
韭黃丁	150	米酒	1 大匙
青蔥末	30	味醂	1 大匙
蔥薑水	60	薑泥	1/2 大匙
鹽	1/2 茶匙		

B

| 市售水餃皮 | 60 片 |

C

涼水	500
中筋麵粉	30
白醋	10
香油	30

1 材料 A 放入鋼盆中，混合拌勻成海鮮餡。

2 取一水餃皮，使用餡挑放在皮上面，測量大小，用手拉至約 11 公分長 (約 1/2 包餡匙的長度)。

3 參考 *P.44* 沾水工具，沾濕半片皮。

4 包入餡料 12 ～ 15 公克，餡料放平的，不要太厚。

5 中間捏起。

6 放在平盤上，兩端捏起往下壓，慢慢將收口捏起。

7 將材料 C 麵粉水混合拌勻。

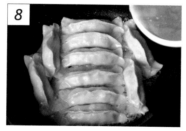

8 取一平底鍋，熱鍋加一點點沙拉油，擺入包好的鍋貼 (現包的)，先油煎 2 ～ 3 分鐘。

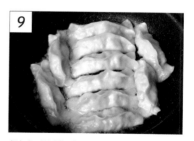

9 倒入麵粉水，約倒到鍋子的 1/3 高度即可，蓋上蓋子煎 6 ～ 8 分鐘至水乾，底部呈現金黃色即可。

── 快 手 廚 娘 小 撇 步 ──

＊ 豬絞肉使用肥瘦比例 2：8，粗絞即可。

＊ 蔥薑水比例：蔥 10 克、薑 2 克、水 120c.c. 用果汁機打勻即可。

＊ 冷凍鍋貼煮法：取一平底鍋，熱鍋加一點點沙拉油，擺入包好的煎餃 (現包的)，先油煎 2 ～ 3 分鐘，再倒入麵粉水，約倒 1/2 高度，蓋上蓋子煎 8 ～ 10 分鐘至水乾，底部呈現金黃色即可。

＊ 煎餃麵粉水中加入白醋，在煎的時候底部比較不會黑掉。

招牌鮮肉蛋餃

| 材料 (g) | 餡：12g x 60 個 | 皮：12g x 50 個 |

A

豬絞肉	600
鹽	10
雞粉	15
香油	1 大匙
味醂	1 大匙
白胡椒粉	1/2 茶匙
太白粉	1 大匙
青蔥末	30
水	60

B

雞蛋	10 ～ 12 顆
冷水	40
鹽	3
太白粉	40

快 手 廚 娘 小 撇 步

＊ 下蛋液前，先攪拌是
　因為太白粉會沉澱。

＊ 可以慢慢烘熟，也可以
　對折後煎成形後，盛起
　用中微波 5 分鐘，或者
　是中火蒸 5 分鐘，這樣
　蛋餃會較快熟成，再冷
　凍保存。

＊ 也可以用氣炸鍋 180℃
　3 ～ 4 分鐘。

材料 A 鮮肉餡參考 *P.43* 製做。內餡口味稍重,是因為放入湯中味道會稀釋。

將拌勻的鮮肉先分成每球 12 公克,備用。

材料 B 中,冷水加鹽先攪拌至鹽融化。

準備一大鍋,將雞蛋打入,加入鹽水拌勻。

再加入太白粉攪拌均勻。

過篩一次備用。

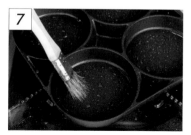

使用市售紅豆餅鐵鍋,刷上一層薄薄的油。

加熱至手掌心放在約離 10 公分處,感覺有熱度,轉小火。

將過篩好蛋液再次攪拌,倒入約 12 〜 15 公克。

在蛋液一半的位置放入分好的餡料。

蛋液邊緣凝固後,使用包餡匙對折,要小心不要弄破。

慢慢烘至兩面金黃熟透即可。

· 雪菜蛋餃

▋材料（g） 餡：12g x 60 個　皮：12g x 50 個

A				B		C	
豬絞肉	600	白胡椒粉	1/2 茶匙	雪裡紅	200	雞蛋	10 ～ 12 顆
鹽	10	太白粉	1 大匙	味醂	1 大匙	冷水	40
雞粉	15	青蔥末	30	雞粉	3	鹽	3
香油	1 大匙	水	60	香油	1 大匙	太白粉	40
味醂	1 大匙						

材料 A 鮮肉餡參考 *P.43* 製做，材料 B 雪裡紅洗淨瀝乾切小丁，加入其餘材料 B 調味，取 600 公克鮮肉餡，加入調味好的雪裡紅攪拌均勻。

將拌勻的雪裡紅餡分成每球 12 公克，備用。

材料 C 蛋餃皮作法，參考 *P.65* 製做。

使用市售紅豆餅鐵鍋，刷上一層薄薄的油，加熱至手掌心放在約離 10 公分處，感覺有熱度，轉小火。

將過篩好蛋液再次攪拌，倒入約 12 ～ 15 公克。

在蛋液一半的位置放入分好的餡料。

蛋液邊緣凝固後，使用包餡匙對折，要小心不要弄破。

慢慢烘至兩面金黃熟透即可。

快 手 廚 娘 小 撇 步

＊下蛋液前，先攪拌是因為太白粉會沉澱。

＊可以慢慢烘熟，也可以對折後煎成形後，盛起用中微波 5 分鐘，或者是中火蒸 5 分鐘，這樣蛋餃會較快熟成，再冷凍保存。

榨菜蛋餃

材料（g）

餡：12g x 60 個

皮：12g x 50 個

A

豬絞肉	600
鹽	10
雞粉	15
香油	1 大匙
味醂	1 大匙
白胡椒粉	1/2 茶匙
太白粉	1 大匙
青蔥末	30
水	60

B

榨菜	250
味醂	1 大匙
雞粉	5
香油	1 大匙

C

雞蛋	10 ～ 12 顆
冷水	40
鹽	3
太白粉	40

1

材料 A 鮮肉餡參考 *P.43* 製做，材料 B 榨菜洗淨瀝乾切小丁，加入其餘材料 B 調味，取 600 公克鮮肉餡，加入調味好的榨菜攪拌均勻。

2

將拌勻的榨菜餡分成每球 12 公克，備用。

3

材料 C 蛋餃皮作法，參考 *P.65* 製做。

4

使用市售紅豆餅鐵鍋，刷上一層薄薄的油，加熱至手掌心放在約離 10 公分處，感覺有熱度，轉小火。

5

將過篩好蛋液再次攪拌，倒入約 12～15 公克。

6

在蛋液一半的位置放入分好的餡料。

7

蛋液邊緣凝固後，使用包餡匙對折，要小心不要弄破。

8

慢慢烘至兩面金黃熟透即可。

快 手 廚 娘 小 撇 步

＊ 下蛋液前，先攪拌是因為太白粉會沉澱。

＊ 可以慢慢烘熟，也可以對折後煎成形後，盛起用中微波 5 分鐘，或者是中火蒸 5 分鐘，這樣蛋餃會較快熟成，再冷凍保存。

餛飩餡示範

材料（g） `12g x 65 個`

A		B		C	
豬絞肉	600	雞粉	1 大匙	蔥薑水	120
鹽	8	香油	1 大匙		
		味醂	1 大匙		
		白胡椒粉	1 茶匙		
		太白粉	1 茶匙		
		青蔥末	30		

做法

材料 A 混合拌勻至出膠。

加入材料 B 拌勻。

分 2～3 次加入蔥薑水，拌勻，封上保鮮膜冷藏 30 分鐘入味。

快手廚娘小撇步

* 豬絞肉使用肥瘦比例 2：8，細絞 2 次。
* 常溫豬絞肉加鹽拌勻，會較容易出膠；冷藏肉需多攪拌久一點才會出膠。
* 蔥薑水比例：蔥 10 克、薑 2 克、水 120c.c. 用果汁機打勻即可。
* 加入太白粉是為了更有黏性，使肉餡不易散開。
* 餛飩大小顆，取決於餛飩皮的大小，大餛飩皮約 10×10 公分，小餛飩皮約 8×8 公分，如果是使用圓形的餛飩皮，大餛飩皮直徑約 11 公分，小餛飩皮直徑約 8 公分。
* 餛飩湯作法，將餛飩煮熟，加入高湯、蔥花、芹菜珠、蛋皮、紫菜等配料即可。
* 如製作乾的餛飩，可以參考 *P.75* 紅油抄手的醬汁搭配。

餛飩包法示範

- 大餛飩的內餡約包 12 公克，小餛飩的內餡約包 5 公克。皮餡比例約 1：1.2。
- 每一種包法皆可適用於大小餛飩，依照個人喜好包即可。

▌餛飩包法❶

1

取一片餛飩皮放斜的在手上，
包入內餡。

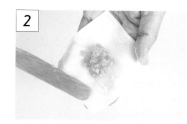
2

餡挑沾水，再沾在其中一角。

3

對折。

4

再沾水在其中一角。

5

兩端折起。

6

捏緊，完成。一座山的造型。

▌餛飩包法❷

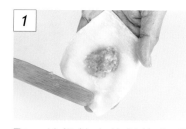
1

取一片餛飩皮放斜的在手
上，包入內餡，餡挑沾水，
再沾在其中一角。

2

對折。

3

對折時，交疊的兩角要錯開。

4

再沾水在其中一角。

5

兩端折起。

6

捏緊，完成。兩座山的造型。
(可用不同造型代表不同口味)

鮮肉大餛飩包法 ---

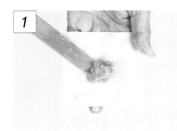

取一片餛飩皮放平的在手上，包入內餡。

餡挑沾水，沾在其中一邊。

對折。

再沾水在其中一角。

兩端折起。

捏緊，完成。

溫州大餛飩包法 ---

取一片餛飩皮放斜的在手上，包入內餡，內餡要平鋪。

使用餡挑頂部，放在正中心。

拿著餡挑，整個立起。

用手抓起。內部呈中空狀。

輕捏緊。

溫州大餛飩完成。

▎馬蹄餃雲吞包法 -

將餛飩皮剪成圓形，或是使用圓形的餛飩皮。

包入內餡 10 公克。

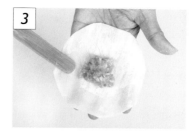

餡挑沾水，沾在其中一半圓。

對折。

再沾水在其中一角。

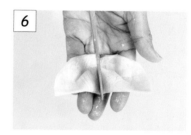

使用餡挑，在餡料中間，輕壓一下。

兩端再折起。

收口捏緊。

完成。

紅油抄手

材料 (g)　6g x 66 個

A

豬絞肉	300
鹽	4
雞粉	1/2 大匙
香油	1/2 大匙
味醂	1/2 大匙
白胡椒粉	1/4 茶匙
太白粉	1/2 大匙
青蔥末	15
蔥薑水	60

B

市售小餛飩皮	600

C

紅油	3 大匙
黑醋	1 茶匙
醬油	1 茶匙
蠔油	1 大匙
花椒粉	1 茶匙
高湯	50
蔥花或芹菜珠	少許

做法

1

材料 A 餛飩餡參考 *P.70* 製做。

2

取一餛飩皮，包入餡料 5 ～ 6 公克。

3

參考 *P.71* ～ *P.73* 飩包法，完成餛飩，煮熟。

4

材料 C 攪拌均勻，成紅油抄手醬，搭配餛飩拌勻即完成。(辣油辣度可自行調整)

快 手 廚 娘 小 撇 步

＊ 餛飩煮法：水滾後放入餛飩，中火煮至餛飩浮起，再煮 1 ～ 2 分鐘即可撈起。

菜肉餛飩

※ 此圖片為未煮熟狀態

材料（g） 12g x 50 個

A			
豬絞肉	600	白胡椒粉	1/2 茶匙
鹽	8	太白粉	1 大匙
雞粉	1 大匙	青蔥末	30
香油	1 大匙	蔥薑水	60
味醂	1 大匙		

B	
青江菜	900
鹽	1/2 茶匙
雞粉	1 大匙
味醂	1 大匙
白胡椒粉	1 茶匙
香油	1 大匙
青蔥末	30

C	
市售 大餛飩皮	600

做法

1

材料 A 餛飩餡參考 *P.70* 製做。

2

青江菜洗淨剝開成一葉一葉，放入滾水中，汆燙 10 秒撈起瀝乾，切成小丁。900 公克青江菜斷生後剩下 350 公克。

3

取 300 公克餛飩餡，加入青江菜丁 350 公克、材料 B 混合拌勻，約 12 公克 x 50 個。

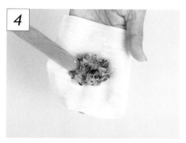

4

取一大餛飩皮，包入內餡 10 ～12 公克。皮餡比例約 1:1.2。

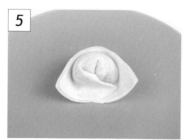

5

參考 *P.71 ～ P.73* 餛飩包法，完成餛飩，煮熟。

快 手 廚 娘 小 撇 步

＊ 餛飩煮法：水滾後放入餛飩，煮至餛飩浮起後，中火再煮約 2 ～ 3 分鐘即可撈起。

＊ 餛飩湯作法，將餛飩煮熟，加入高湯、蔥花、芹菜珠、蛋皮、紫菜等配料即可。

＊ 如製作乾的餛飩，可以參考 *P.75* 紅油抄手的醬汁搭配。

鮮蝦餛飩

※ 此圖片為未煮熟狀態

材料 (g) 12g × 50 個

A

豬絞肉	600	白胡椒粉	1/2 茶匙
鹽	8	太白粉	1 大匙
雞粉	1 大匙	青蔥末	30
香油	1 大匙	蔥薑水	60
味醂	1 大匙		

B

蝦仁丁	300
鹽	1/2 茶匙
白胡椒粉	1/2 茶匙
米酒	1 茶匙

C

市售大餛飩皮	600

做法

1 材料 A 餛飩餡參考 *P.70* 製做。

2 取 300 公克餛飩餡，加入蝦仁丁、材料 B 混合拌勻。

3 完成鮮蝦餛飩餡。

4 取一大餛飩皮，包入內餡 10～12公克。皮餡比例約 1:1.2。

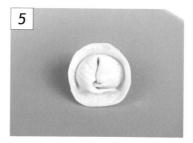
5 參考 *P.71 ～ P.73* 餛飩包法，完成餛飩，煮熟。

快 手 廚 娘 小 撇 步

＊ 餛飩煮法：水滾後放入餛飩，煮至餛飩浮起後，中火再煮約 2 ～ 3 分鐘即可撈起。

＊ 餛飩湯作法，將餛飩煮熟，加入高湯、蔥花、芹菜珠、蛋皮、紫菜等配料即可。

＊ 如製作乾的餛飩，可以參考 *P.75* 紅油抄手的醬汁搭配。

＊ 蝦仁丁可使用去殼去腸泥蝦仁，先加 10c.c. 米酒去腥，再切成丁狀。

鮮肉餛飩

&

溫州大餛飩

※ 此圖片為未煮熟狀態

材料（g）　12g x 66 個

A

豬絞肉	600
鹽	8
雞粉	1 大匙
香油	1 大匙
味醂	1 大匙
白胡椒粉	1/2 茶匙
太白粉	1 大匙
青蔥末	60
蔥薑水	120

B

市售大餛飩皮	600

做法 -------

1

材料 A 餛飩餡參考 *P.70* 製做。

2

取一大餛飩皮，包入內餡 10 ～ 12 公克。
皮餡比例約 1：1.2。

3

參考 *P.71* ～ *P.73* 餛飩包法，完成餛飩，
煮熟。

快 手 廚 娘 小 撇 步

＊ 餛飩煮法：水滾後放入餛飩，
　中火煮至餛飩浮起後，再用中
　火煮約 2 ～ 3 分鐘即可撈起。

＊ 餛飩湯作法，將餛飩煮熟，加
　入高湯、蔥花、芹菜珠、蛋皮、
　紫菜等配料即可。

＊ 如製作乾的餛飩，可以參考
　P.75 紅油抄手的醬汁搭配。

Part 3

小 吃

平民美食，米其林等級的美味！台灣小吃是
最讓人懷念的味道，不論何時何地，小吃上
桌絕對是秒殺級的搶手，廚娘絕對的傾囊相
授，將所有作法一次放送給讀者！

台式香腸

材料 (g)

A		B				C	
後腿瘦肉	1200	鹽	15	五香粉	6	腸衣	450 公分
板油丁	600	細砂糖	160〜180	甘草粉	1/2 茶匙	D	
		味精	45	肉桂粉	1/4 茶匙	高粱酒	適量
		高粱酒	60	蒜末	60		
		白胡椒粉	6				

香腸餡作法

材料 A 混合拌勻。

材料 B 混合拌勻。

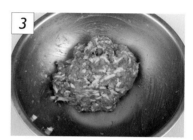

將拌勻的材料 A、B 混合拌勻，放入冷藏 1 小時入味。

灌香腸作法

材料 C 腸衣泡水 30 分鐘。

洗淨去除鹽分。

取一個漏斗狀灌香腸器。

淋上沙拉油。

套上腸衣。

灌入沙拉油，潤油，腸衣油不要瀝乾。

做法接續後頁 ▶▶▶

10

灌香腸器反著放，將腸衣由上往下推在灌香腸器上。

11

最後留 10 公分腸衣。

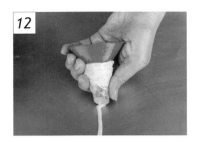

12

再將灌香腸器轉正，使用拇指、食指扣緊。

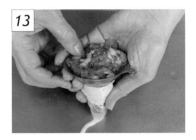

13

灌入調味好的香腸肉餡。

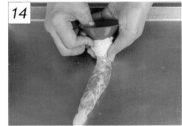

14

邊灌邊整理形狀。

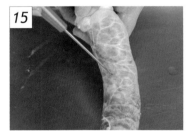

15

如果有空氣，可使用針刺一下，將空氣排出。

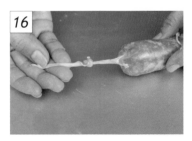

16

灌至約留 10 公分即可打結。

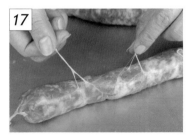

17

表面有組織，表示是天然腸衣。

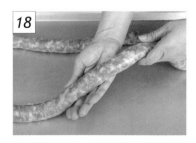

18

灌好後順一下香腸，確認粗細一致，再打一個節。

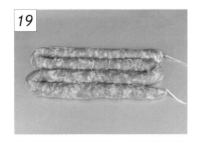

19

將香腸放置桌面，對折再對折，如圖片所示。

20

第一種分香腸，可目測大概一致長度，用手捏緊。

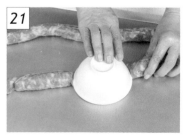

21

第二種分香腸，可取一個碗公，蓋下去，即可分出一樣長度。

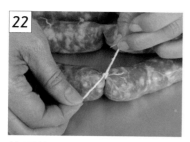

使用棉繩，將每一個分割處綁起。

綁好後，將一串香腸中心點的兩邊，綁上塑膠繩。

取一大綱盆，倒入些許材料D高粱酒。

將綁好繩子的香腸放入酒盆中搓揉，殺菌再刺洞晾乾。

將香腸在陰涼處掛起來，風乾至表面摸起來是乾的，不可曝曬太陽，可以使用電風扇吹乾，建議風乾一個晚上。

風乾後的香腸，可使用電鍋外鍋1杯水蒸熟，再使用平底鍋煎至上色有香味即可。

快 手 廚 娘 小 撇 步

＊ 營業版本香腸，須添加政府規定添加劑。

＊ 風乾後的香腸，分裝後可以放冷凍保存 1 個月。

＊ 除了自然風乾外也可以使用熱風爐約 40 ～ 45℃，烘 4 ～ 5 小時。

＊ 灌香腸器也可以使用寶特瓶剪下瓶口的部分，將邊緣修齊不刮手為主。

蒜味香腸

材料 (g)

A		B				C	
後腿瘦肉	1200	鹽	18	甘草粉	1	腸衣	450 公分
板油丁	600	細砂糖	160	肉桂粉	1	D	
		味精	45	白胡椒粉	6	高粱酒	適量
		高粱酒	60	蒜粉	60		
		黑胡椒粉	6	蒜末	150		
		五香粉	6				

做法

材料 A 混合拌勻，材料 B 混合拌勻。

將拌勻的材料 A、B 混合拌勻，放入冷藏 1 小時入味。

參考 *P.85 ～ P.87* 灌香腸作法，完成蒜味香腸。

快 手 廚 娘 小 撇 步

＊ 營業版本香腸，須添加政府規定添加劑。

＊ 風乾後的香腸，分裝後可以放冷凍保存 1 個月。

＊ 除了自然風乾外也可以使用熱風爐約 40 ～ 45℃，烘 4 ～ 5 小時。

＊ 灌香腸器也可以使用寶特瓶剪下瓶口的部分，將邊緣修齊不刮手為主。

黑胡椒香腸

■ 材料 (g)

A		B				C	
後腿瘦肉	1200	鹽	16	五香粉	6	腸衣	450 公分
板油丁	600	細砂糖	150	甘草粉	1	D	
		味精	45	肉桂粉	1	高粱酒	適量
		高粱酒	60	白胡椒粉	6		
		黑胡椒細粒	4 大匙	蒜末	60		

■ 做法

材料 A 混合拌勻，材料 B 混合拌勻 (黑胡椒量可依個人口味增減)。

將拌勻的材料 A、B 混合拌勻，放入冷藏 1 小時入味。

參考 *P.85 ～ P.87* 灌香腸作法，完成黑胡椒香腸。

快 手 廚 娘 小 撇 步

＊ 營業版本香腸，須添加政府規定添加劑。

＊ 風乾後的香腸，分裝後可以放冷凍保存 1 個月。

＊ 除了自然風乾外也可以使用熱風爐約 40 ～ 45℃，烘 4 ～ 5 小時。

＊ 黑胡椒細粒可以斟酌增減。

＊ 灌香腸器也可以使用寶特瓶剪下瓶口的部分，將邊緣修齊不刮手為主。

川味麻辣香腸

材料 (g)

A		B				C	
後腿瘦肉	1200	鹽	20	五香粉	12	腸衣	450 公分
板油丁	600	細砂糖	50	甘草粉	1/2 茶匙	D	
		味精	45	肉桂粉	1 茶匙	高粱酒	適量
		高粱酒	120	白胡椒粉	12		
		雞心辣椒粉	12	蒜末	100		
		花椒粉	15				

做法

材料 A 混合拌勻，材料 B 混合拌勻 (辣椒粉和花椒粉的麻辣口味可依個人喜好增減)。

將拌勻的材料 A、B 混合拌勻，放入冷藏 1 小時入味。

參考 *P.85 ～ P.87* 灌香腸作法，完成川味麻辣香腸。

快 手 廚 娘 小 撇 步

＊ 營業版本香腸，須添加政府規定添加劑。

＊ 風乾後的香腸，分裝後可以放冷凍保存 1 個月。

＊ 除了自然風乾外也可以使用熱風爐約 40 ～ 45℃，烘 4 ～ 5 小時。

＊ 灌香腸器也可以使用寶特瓶剪下瓶口的部分，將邊緣修齊不刮手為主。

糯米腸

材料（g）

A

圓糯米	300
長糯米	450
水	450

B

鹽	18
味素	20
白胡椒粉	5
油蔥酥	30
豬油	100
高湯	150

C

| 腸衣　80公分×4條 |

圓糯米、長糯米洗淨，倒入水，浸泡 4～5 小時瀝乾，放入木桶中乾蒸 18～20 分鐘。

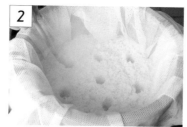

蒸約 12 分鐘時，開蓋，戳洞透氣，再蒸 3～4 分鐘。

蒸好糯米，趁熱加入材料 B，混合拌勻，放涼。

參考 *P.85～P.87* 灌香腸作法，灌入放涼的糯米腸餡。

輕輕塞入，小心不要弄破腸衣。

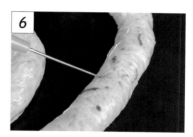

如有空氣，可使用針刺洞。

灌至約剩下 5 公分，綁起，分段，每一條腸衣約可分成 3 段。

準備一鍋滾水，放入糯米腸（不加蓋），小火煮 15～20 分鐘後，蓋鍋蓋燜 12～15 分鐘，即完成，食用前可油煎烤至表面金黃。

快手廚娘小撇步

＊ 灌香腸器也可以使用寶特瓶剪下瓶口的部分，將邊緣修齊不刮手為主。

＊ 糯米腸下鍋煮前，須先在表面刺幾個洞，避免漲大腸衣會爆破。

＊ 如果沒有木桶，也可使用電鍋，糯米洗淨不泡水，內鍋水加 500c.c.，外鍋 1 杯水，蒸熟後悶 15 分鐘，調味後放涼再操作。

大腸包小腸

| 大腸包小腸組合

1 取一條熟糯米腸，從中間切開，抹上海山醬，放入熟香腸，再加入喜歡的配料，可再淋
上沾醬，即可食用。

2 配料還能加九層塔、韓國泡菜、生蒜末、芥末、玉米、花椒粉、黑胡椒粒等等，如喜歡
吃辣也能加點辣椒粉或生辣椒末，口味可隨個人喜好更換。

甜漬嫩薑

材料 (g)

嫩薑	1 斤
鹽	1 大匙
細砂糖	1 杯
糯米醋	1 杯
飲用水	240
玻璃瓶	1 個

做法

1 將嫩薑表面刷洗乾淨,切片用鹽醃 2～3 小時,洗淨瀝乾備用。

2 細砂糖、糯米醋、飲用水煮沸放涼,拌入嫩薑放冷藏泡一夜。

3 把泡一夜的糖醋水倒出,再煮沸放涼倒入玻璃瓶,加蓋密封浸漬放冷藏,約 2 天後即可食用,建議放一週最入味。

糖醋小黃瓜

材料 (g)

小黃瓜	2 條
鹽	1 茶匙
白醋	60
細砂糖	2 大匙
香油	1 大匙
紅辣椒末	2 條

做法

1 小黃瓜洗淨去蒂切 1 公分片狀,用鹽醃漬 20 分鐘後瀝去水分。

2 加入白醋、細砂糖拌勻,再加入香油、紅辣椒末。

3 放入容器中,蓋上保鮮膜,放入冷藏 30 分鐘即可。

菜脯

材料 (g)

菜脯	300	白胡椒粉	1 茶匙
蒜末	3 顆	雞粉	1/2 大匙
細砂糖	1 大匙		

做法

1 菜脯洗淨先乾炒去水分後,加少許油和蒜末爆炒出香味,再加入調味料拌炒均勻即可。

酸菜

材料 (g)

酸菜梗	300	細砂糖	3 大匙
蒜末	2 顆	白胡椒粉	1 茶匙
紅辣椒末	適量	雞粉	1/2 大匙

做法

1 酸菜洗淨後瀝乾水分,放入鍋中炒乾水分起鍋備用。

2 熱鍋,加入油爆香蒜末、紅辣椒末,再加入酸菜、調味料,一起拌炒均勻即可。

海山醬

材料 (g)

A

醬油	2 大匙	蕃茄醬	2 大匙
鹽	1 茶匙	水	400
細砂糖	40	B	
梅子粉	1 茶匙	在來米粉	30
辣椒醬	2 大匙	水	100

做法

1 材料 A 放入鍋中煮滾,加入調勻材料 B 勾芡煮滾,即完成。

沾醬

材料 (g)

A

醬油	50	在來米粉	30
細砂糖	40	水	100
水	400	C	
蒜泥	1/4 杯	香油	適量

B

做法

1 材料 A 放入鍋中煮滾,加入調勻材料 B 勾芡煮滾,淋上香油即完成。

花生糯米腸

材料 (g)

A			C			E		
黑豬大腸	1付		花生	450		高湯	500	
			鹽	1大匙		鹽	25	
B			水	蓋過花生		味素	3大匙	
圓糯米	300					白胡椒粉	2茶匙	
長糯米	900		**D**			五香粉	1大匙	
			蝦米	100		醬油	30	
			紅蔥頭末	100				
			豬油	200		**F**		
						豬油蔥	150	

做法

1 材料 B 洗淨泡水 1 晚或泡 4～5 小時，瀝乾備用；材料 C 浸泡 1 晚，水倒掉，再倒入清水 2000c.c.，外鍋 2 杯水，煮 2 次，取出放涼備用。

2 熱鍋放入材料 D 豬油、紅蔥頭末爆香。

3 再加入蝦米炒香。

4 放入材料 E、瀝乾的糯米。

5 小火拌炒至高湯收乾，收乾後取出放涼。

6 加入蒸好的花生、材料 F 的豬油蔥。

做法接續後頁 ▶▶▶

拌至均勻，不要拌太大力弄破花生，放涼備用。

黑豬大腸先洗淨，取一支 30 公分擀麵棍，沾上沙拉油。

穿進腸衣中，有油脂的那面朝外。

將多餘的油脂修剪掉。

抓著開口，將腸衣套入，翻面。

邊檢查腸衣有沒有破洞，如有破就直接剪斷。

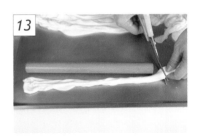

使用擀麵棍，量長度約 30 ～ 35 公分剪一段，備用。

取一個灌糯米腸器，也可使用寶特瓶瓶口，注意邊緣要剪好不要刮手。

套上處理好的大腸，用食指、拇指捏緊。

灌入放涼的糯米腸餡。

使用筷子，將糯米腸餡戳進大腸中。亦可用較細的擀麵棍戳入糯米飯，速度會較快。

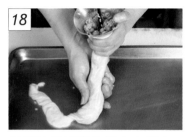

慢慢將糯米腸餡灌入大腸中，邊灌邊整形。

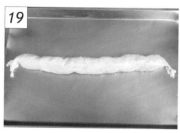

灌的時候，前後兩端須預留約 3 ～ 4 公分，灌至 8 ～ 9 分滿就好。

灌完後，檢查一下大腸上是否有破洞，如有破洞，使用牙籤將破洞串起即可。

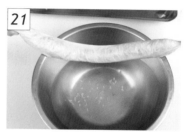

取一清水，將灌好的花生糯米腸捏緊兩端，放入清洗表面。

取一大鍋，鍋中放入竹簍，可避免大腸在鍋底燒焦 (如果沒有竹簍可放一大把筷子作間隔防焦底)。

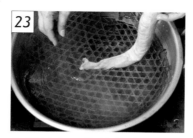

先將其中一端的花生糯米腸放入鍋中，等縮口後再整個放入。

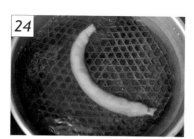

不加蓋，小火煮約 20 ～ 25 分鐘，熄火加蓋燜 20 ～ 25 分鐘。

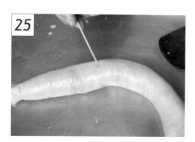

取出後戳洞，能過即表示熟透。

快手廚娘小撇步

＊ 煮花生時，也可以加入 2 顆八角，會比較香。

＊ 花生糯米腸灌好後不用綁，可以防爆。

＊ 圓糯米的口感較黏，長糯米的口感較 Q，使用兩種糯米能讓糯米腸吃起來口感更好吃。

＊ 花生糯米腸放入鍋中煮之前，可以先用牙籤刺幾個洞，防止漲大後腸衣爆破。

＊ 沾醬可搭配市售甜辣醬食用。

＊ 大腸的油脂不要去除的太乾淨，要保留點油脂會比較油香潤口。

＊ 清洗大腸時，可使用麵粉、沙拉油、鹽巴反覆裡外搓洗，洗完後用白醋搓一搓，最後用清水洗淨即可去除腥味。

蒜蓉辣椒醬（蒜蓉剁椒）

材料 (g)

大紅辣椒	300	蒜末	75
小朝天椒	300	高粱酒	60
味醂	30	鹽	15

做法

1 將大紅辣椒、小朝天椒洗淨，切記蒂頭不要切掉以防進水，瀝乾。

2 將所有辣椒剁成碎末。

3 加入其餘材料。

4 放入殺菌過的罐子中，密封發酵。

5 夏天約 2 週，冬天約 1 個月，發酵後會變軟有香氣。

6 完成的剁椒可以拿來再加入菜脯或小魚乾作延伸料理的辣椒醬。

快 手 廚 娘 小 撇 步

＊ 怕辣的可以全部都使用大辣椒。

＊ 辣度的控制，大辣全部使用小朝天椒，中辣使用大辣椒：小朝天椒 1：1 的比例，小辣就全部使用大辣椒即可。

＊ 如吃素的，不要加材料中的蒜末即可。

＊ 加入高粱酒和味醂能幫助發酵，風味也較好。

＊ 拿來裝辣椒的罐子一定要確實殺菌，烤箱上下火 200/200℃烤 30 分鐘滅菌。

＊ 辣椒和蒜頭使用前洗淨，一定要確實曬乾水分，不然容易發霉。

＊ 剁成碎末可以使用調理機，會更加快速，但不能打太細。

豆豉老虎辣椒醬

▌材料 (g)

蒜蓉辣椒醬 (蒜蓉剁椒)	600	味素	30	冰糖	50
		白胡椒粉	1 茶匙	豆豉	80
蒜末	150	花椒粉	2 大匙	香油	120c.c.
沙拉油	300				

▌做法

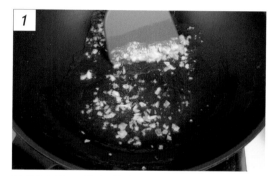

冷鍋冷油，放入蒜末，爆香。

加入蒜蓉辣椒醬 (蒜蓉剁椒) 拌炒。

再加入其餘食材炒至表面均勻冒出小油泡，即水分收乾。

取出後裝入殺菌後的罐子中，表面倒入香油油封即可。

──── 快 手 廚 娘 小 撇 步 ────

＊ 拿來裝辣椒的罐子一定要確實殺菌，烤箱上下火 200/200℃ 烤 30 分鐘滅菌。

＊ 豆豉有分乾的和濕的，兩種都可以使用，濕的會較甘香。

小魚乾辣椒醬

材料 (g)

小魚乾	100	沙拉油	300c.c.	花椒粉	1 大匙
蒜蓉辣椒醬	100	味素	30	豆豉	60
（蒜蓉剁椒）		白胡椒粉	1 茶匙	辣椒粉	2 大匙
蒜末	60	冰糖	30	香油	120c.c.

做法

冷鍋冷油，放入蒜末、小魚乾，爆香炒乾水分。

再加入其餘食材。

炒至表面均勻冒出小油泡，即水分收乾。

取出後裝入殺菌後的罐子中，表面倒入香油油封即可。

快手廚娘小撇步

＊ 拿來裝辣椒的罐子一定要確實殺菌，烤箱上下火 200/200℃烤 30 分鐘滅菌。

＊ 豆豉有分乾的和濕的，兩種都可以使用，濕的會較甘香。

＊ 加辣椒粉可以讓小魚乾的顏色較紅潤漂亮。

＊ 裝罐後建議放一週熟成再食用，會較香較美味。

鹽酥雞

材料 (g)

A

雞胸肉	1200

B

鹽	1.5 茶匙
細砂糖	3 大匙
雞粉	2 大匙
米酒	3 大匙
五香粉	2 茶匙
白胡椒粉	1 大匙

小蘇打粉	1/2 大匙
醬油	1 大匙
蒜泥	60
水	300c.c.

C

粗粒地瓜粉	600
吉士粉	60

D

鹽	1 茶匙
白胡椒粉	1 大匙
香蒜粉	2 大匙
雞粉	1 大匙
五香粉	1 茶匙
匈牙利紅椒粉	10
辣椒粉	適量

做法

1 材料 A 雞胸肉切成 2 ～ 3 公分大塊狀，加入材料 B。

2 攪拌均勻，醃漬 60 分鐘。

3 醃好後將雞胸肉取出，加入材料 C。

4 均勻裹上粉料。

5 靜置 10 分鐘反潮。

6 熱鍋，油溫約 140℃，放入反潮好的雞肉，中火炸約6～7 分鐘至表面金黃，撈出瀝乾，將材料 D 混合拌勻，撒上即完成。

快手廚娘小撇步

＊ 地瓜粉使用有顆粒狀態的粉類，讓雞肉沾裹上地瓜粉再進行油炸動作，可以讓雞肉在油炸後有酥脆的口感。

＊ 材料 B 也可以使用調理機打成泥狀再使用。

＊ 材料 D 部分可視個人口味是否要加減或不加。

炸彈蔥油餅

材料 (g)

A

中筋麵粉	500
65℃ 溫水	330
鹽	1/2 大匙
沙拉油	2 大匙

B

蔥花	250
雞蛋	8 顆

做法

1 材料 A 放入容器中，使用擀麵棍攪拌均勻。

2 揉成麵團後，表面抹上一點沙拉油，放入袋中鬆弛 2 小時。

3 將麵團分割每個約 100 公克。

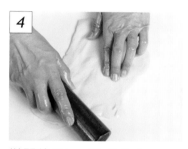

4 擀開約 15 ～ 16 公分大。

5 準備一油鍋，燒熱後放入，轉中火煎炸至兩面金黃。

6 打上一顆蛋，放上一把蔥花，折起，起鍋完成。

快手廚娘小撇步

※ 如果家中沒有溫度計，可以取滾水 2 杯配上冷水 1 杯即是 65℃ 的溫度。

※ 如果家中沒有擀麵棍，可以使用筷子攪拌，擀開時亦可以使用圓柱狀的玻璃瓶操作。

蚵仔蝦仁煎

材料 (g)

A		B		C		D	
蚵仔	300	地瓜粉	100	豬油	適量	細味噌	60
蝦仁	300	太白粉	100	雞蛋	5 顆	鹽	1 茶匙
米酒	適量	在來米粉	50	小白菜	適量	雞粉	1 茶匙
白胡椒粉	適量	韭菜末	1 杯			細砂糖	4 大匙
太白粉	15	高湯	750c.c.			蕃茄醬	4 大匙
		鹽	1/2 茶匙			辣椒醬	1 大匙
		細砂糖	1/2 大匙			紅麴粉	2 茶匙
		烏醋	1 大匙			水	600c.c.
						在來米粉 (勾芡)	30
						水 (勾芡)	80c.c.

做法

1 將蝦仁洗淨去腸泥加米酒、白胡椒粉醃 10 分鐘;蚵仔加太白粉洗淨。

2 材料 B 混合拌勻成粉漿。

3 熱鍋,放入適量豬油,先放入蝦仁、蚵仔煎至半熟。

4 加入粉漿。

5 待粉漿半熟,打入一顆蛋,放上適量的洗淨切段小白菜。

6 翻面,折起盛盤;材料 D 醬汁混合煮滾放涼即可搭配食用。

快手廚娘小撇步

＊ 使用豬油煎,會較香較好吃。

＊ 小白菜也可以使用茼蒿代替。

＊ 韭菜末可以不加,加了煎出來的皮會比較香。

＊ 烏醋可以使粉漿吃起來沒有粉味。

＊ 材料 D 醬汁煮開,使用在來米粉 30 公克加入 80c.c. 水拌勻勾芡。

無麩質鮮肉湯圓

| 材料（g）　皮：30g x 20 個　　餡：15g x 20 個

A		B		C		D	
雪花糯米粉	300	豬絞肉	300	開陽	5	雞粉	1 大匙
蓬萊米粉	30	鹽	1 茶匙	青蒜段	15	冰糖	1 大匙
沙拉油	20	白胡椒粉	1 茶匙	香菇絲	15	鹽	1 大匙
80℃ 熱水	280c.c.	雞粉	1 大匙	高湯	3000c.c.	白胡椒粉	1/2 茶匙
		香油	1 大匙			蒜酥	2 大匙
		水	1 大匙				
		青蔥末	30				
		油蔥酥	1 大匙				

1

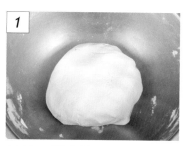

材料 A 混合拌勻成團。水溫 75 ~ 80℃。

2

材料 B 中豬絞肉先加鹽拌勻至出膠。

3

加入其餘材料 B 混合拌勻，成肉餡。

4

分割麵團每個 30 公克，取一個做出凹洞。

5

包入內餡 15 公克。皮餡比例 2：1。

6

收口收緊，搓圓。

7

取一炒鍋，放入材料 C 中開陽、青蒜段、香菇絲爆香。

8

倒入高湯鍋中煮沸，加入湯圓。

9

湯圓用中火煮 8 ~ 10 分鐘，煮至浮起熟成後，再加入材料 D 即完成。

快 手 廚 娘 小 撇 步

＊ 沒有溫度計可以取 3 杯沸水加 1 杯冷水即是 75 ～ 80℃水溫。

無麩質起司湯圓

材料（g）　皮：30g x 20 個　餡：15g x 20 個

A
雪花糯米粉	300
蓬萊米粉	30
沙拉油	20
80℃ 熱水	280c.c.

B
豬絞肉	300
鹽	1 茶匙
白胡椒粉	1 茶匙
雞粉	1 大匙
香油	1 大匙
水	1 大匙
青蔥末	30
油蔥酥	1 大匙
PIZZA 起司絲	80

C
開陽	5
青蒜段	15
香菇絲	15
高湯	3000c.c.

D
雞粉	1 大匙
冰糖	1 大匙
鹽	1 大匙
白胡椒粉	1/2 茶匙
蒜酥	2 大匙

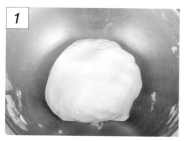

材料 A 混合拌勻成團。

材料 B 中豬絞肉先加鹽拌勻
至出膠。

加入其餘材料 B 混合拌勻，
成起司肉餡。

分割麵團每個 30 公克，取
一個做出凹洞。

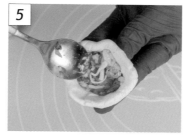

包入內餡 12 ～ 15 公克。

收口收緊，搓圓。

取一炒鍋，放入材料 C 中開
陽、青蒜段、香菇絲爆香。

倒入高湯鍋中煮沸，加入湯
圓。

湯圓用中火煮 8 ～ 10 分鐘，
煮至浮起熟成後，再加入材
料 D 即完成。

快 手 廚 娘 小 撇 步

＊ 沒有溫度計可以取 3 杯沸水加 1 杯冷水即是 75 ～ 80℃水溫。

大腸蚵仔麵線

材料 (g)

A

紅麵線	300
市售滷大腸	600

B

筍籤	1 碗
柴魚片	半碗
油蔥酥	2 大匙
高湯	3000c.c.

C

醬油	4 大匙
味素	2 大匙
鹽	1 大匙
冰糖	3 大匙
烏醋	2 大匙

D

粗地瓜粉	1 碗
鮮蚵	300

E

細地瓜粉	1/2 碗
水	1 碗

F 淋醬

醬油膏	半碗
香油	2 大匙
沙茶醬	1 大匙
烏醋	3 大匙
蒜泥	2 大匙

G

香菜	適量
辣椒醬	適量
蒜泥	適量

做法

1 鮮蚵先汆燙 20 秒；市售滷大腸剪小段備用。

2 撈起瀝乾，再沾上粗地瓜粉。

3 沾粉後再放入滾水中燙 2 分鐘，撈起，放入加了 1 茶匙鹽的冷開水中，備用。可加少許香油防沾且增風味。

4 紅麵線洗淨 2 次再汆燙至軟，撈起放入冷水中，備用。

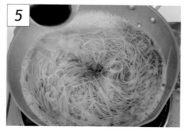

5 材料 B 放入湯鍋中，加入紅麵線煮 15 ～ 20 分鐘，再加入材料 C 煮滾。

6 最後加入調勻的材料 E 勾芡，盛入碗中加入調勻的材料 F 淋醬、幾顆鮮蚵、些許滷大腸、些許香菜、一點點辣椒醬和蒜泥即完成。

快 手 廚 娘 小 撇 步

＊ 鮮蚵裹上粗地瓜粉汆燙，能讓鮮蚵不縮水，泡入冷開水中要加入鹽，能讓鮮蚵入味。

＊ 湯底也可以加入木耳絲或香菇絲，依個人口味做調整。

＊ 步驟 2，瀝乾再沾地瓜粉的操作方式，地瓜粉較不易濕黏，可重複使用降低成本。

五香雞捲

材料 (g)

A		B		C	
腐皮	3 張	豬絞肉	200	洋蔥丁	150
		魚漿	150	芋頭絲	200
		五香粉	1 茶匙	地瓜粉	1/2 杯
		細砂糖	2 大匙		
		鹽	1/4 茶匙	**D**	
		白胡椒粉	1 茶匙	中筋麵粉	4 大匙
		味素	1 大匙	水	6 大匙
		米酒	1 大匙		

做法

1

材料 B 混合拌勻，加入材料 C。

2

攪拌均勻成餡料。

3

取一張腐皮，對折，剪成三角形。

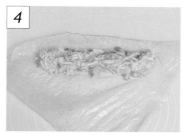

4

放入餡料約 120 公克，放長條狀的。

5

捲起，黏合處刷上拌勻的材料 D，確實黏起。

6

冷油放入雞捲，中小火炸至金黃即完成。

快手廚娘小撇步

＊ 販售時如果量多，可以先蒸熟再油炸。

＊ 判斷有沒有熟，用筷子或夾子夾夾看，觸感是硬的即是熟成。

＊ 可以搭配糖醋小黃瓜和海山醬食用。

＊ 豬絞肉的肥瘦比為 2：8，也可以使用 50 公克的肥肉丁混 150 公克的豬絞肉，口感會更油潤美味。

蝦仁雞捲

材料 (g)

A		B		C		E	
腐皮	3 張	豬絞肉	200	洋蔥丁	150	中筋麵粉	4 大匙
		魚漿	150	豆薯丁	200	水	6 大匙
		五香粉	1 茶匙	地瓜粉	1/2 杯		
		細砂糖	2 大匙				
		鹽	1/4 茶匙	D			
		白胡椒粉	1 茶匙	蝦仁	200		
		味素	1 大匙	鹽	1/4 茶匙		
		米酒	2 大匙	白胡椒粉	1 茶匙		
				米酒	1 大匙		

做法

1 材料 B 混合拌勻，加入材料 C，攪拌均勻成餡料。

2 材料 D 混和拌勻，靜置 10 分鐘。

3 取一張腐皮，對折，剪成三角形。

4 放入餡料約 100 公克，放長條狀的，擺上蝦仁 (也可改放花枝，即是花枝雞捲)。

5 捲起，黏合處刷上拌勻的材料 D，確實黏起。

6 冷油放入雞捲，中小火炸至金黃即完成。

快手廚娘小撇步

＊ 販售時如果量多，可以先蒸熟再油炸。

＊ 判斷有沒有熟，用筷子或夾子夾夾看，觸感是硬的即是熟成。

＊ 可以搭配糖醋小黃瓜和海山醬食用。

＊ 豬絞肉的肥瘦比為 2：8，也可以使用 50 公克的肥肉丁混 150 公克的豬絞肉，口感會更油潤美味。

淡
水
蝦
卷

材料 (g)

A

蝦仁丁	半斤	太白粉	2 大匙
豬絞肉	4 兩	鹽	1/4 小匙
魚漿	4 兩	雞粉	1 茶匙
蔥花	3 大匙	白胡椒粉	1/4 小匙
薑末	1 小匙		

B

大餛飩皮	6 兩
牙籤	適量

C

中筋麵粉	50
水	100

做法

1 材料 A 攪拌均勻成餡料。

2 取一張大餛飩皮，在 1/3 處放上餡料，放橫的如圖示。

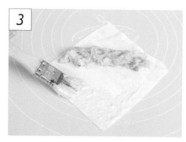

3 在對角的地方抹上適量混合好的材料 C。

4 從角落開始捲。

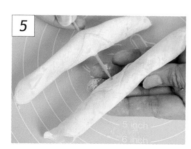

5 用牙籤兩個串成一串。

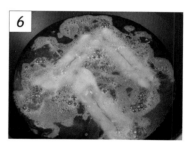

6 放入油鍋，用中火炸至金黃酥脆即可。

快 手 廚 娘 小 撇 步

＊ 豬絞肉使用肥瘦比 2：8，細絞 2 次。

＊ 油溫溫度可以用手掌靠近油鍋表面，感覺手掌心熱熱的即可下油鍋炸物。

＊ 可以參考 *P.97* 海山醬作搭配食用。

鹿港芋頭丸

材料 (g)

A		B	
芋頭絲	900	豬絞肉	300
糯米粉	1/2 杯	醬油	50c.c.
鹽	1/2 大匙	雞粉	1 茶匙
白胡椒粉	1/2 茶匙	白胡椒粉	1 茶匙
細砂糖	4 大匙	五香粉	1/2 大匙
水	60c.c.	豬油蔥	1/2 杯

做法

1 材料 B 豬油蔥先爆香,加入絞肉炒熟,再放入其他材料 B,拌炒均勻,起鍋放涼。

2 材料 A 混合。

3 要確實拌勻,會有一點黏糊狀。

4 取一個小碟子或是塔模,抹上油,放入適量的芋頭絲。

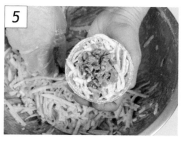

5 再放入約 15 ～ 20 公克的肉餡。

6 再蓋上適量的芋頭絲,整形好,放入電鍋,外鍋 1 杯水蒸熟。

快 手 廚 娘 小 撇 步

※ 豬絞肉使用肥瘦比 2:8,粗絞 1 次。

※ 亦可用蒸籠蒸水開蒸 16 ～ 18 分鐘左右至熟成。

※ 也可以做成整模去蒸,吃時再切。

客家水粄

材料 (g)

A		B		D			
在來米粉	150	橙粉	30	紅蔥頭末	50	韭菜丁	適量
樹薯粉	30	常溫水	150c.c.	蝦米	30	雞粉	2 茶匙
常溫水	300c.c.	鹽	1/2 茶匙	香菇末	2 朵	白胡椒粉	1 茶匙
		C		豬絞肉	150	醬油	2 大匙
		沸水	300c.c.	菜脯碎	60		

做法

1 材料 A 混合拌勻成米漿。

2 材料 B 混合拌勻。

3 沸水煮滾熄火，加入拌勻的材料 B，攪拌均勻。

4 再倒進拌勻的材料 A 中，攪拌均勻。

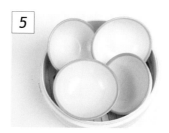

5 準備 4～6 個碗，先放入電鍋或蒸籠蒸 3 分鐘。

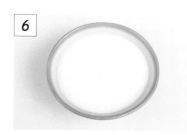

6 趁熱將拌勻的米漿倒入九分滿，用中大火蒸 20 分鐘。

7 材料 D 紅蔥頭末先爆香，再加入其餘材料 D 拌炒均勻。

8 蒸好的水粄表面擺上配料，加點醬油膏即可。

快手廚娘小撇步

* 豬絞肉使用肥瘦比 2：8，粗絞 1 次。

* 菜脯碎可以先乾炒至飄香，再與其餘材料拌炒。

* 碗先蒸熱，倒入米漿再去蒸時，底部會更容易熟透。

無麩質起士米蛋餅

材料（g） 150g x 4 片

A

無麩質蓬萊米粉	80
無麩質在來米粉	80
無麩質雪花糯米粉	40
60 〜 65℃ 熱水	400c.c.
細砂糖	15
醬油	1 大匙

B

蔥花	100
起司絲	120
雞蛋	4 顆

示範影片

做法

1 材料 A 混合拌勻成粉漿。

2 平底鍋熱鍋，倒入 1 杯粉漿約 150 公克。

3 小火煎至表面 5 分熟，撒上適量蔥花，翻面煎熟。

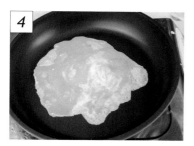

4 餅皮起鍋，鍋中打入一顆蛋。

5 再將餅皮蓋上，煎至蛋熟透，翻面。

6 撒上起司絲，捲起，即完成。

快 手 廚 娘 小 撇 步

＊ 也可加入其他配料，火腿、培根、肉鬆、九層塔等，更添風味。

＊ 粉漿中加入醬油是因為米粉類的材料，在煎製時不會上色，加入醬油會更有賣相。

＊ 如吃素，可不加蔥花，配料改成香椿醬、素火腿、海苔片、芹菜丁即可。

芋頭碗粿

材料(g) 8碗

A		B				C	
在來米粉	300	豬絞肉	150	芋頭丁	200	滷蛋	4 顆
太白粉	50	紅蔥頭末	30	鹽	1/2 茶匙	滷香菇	2 朵
常溫水	600c.c.	熱水	600c.c.	雞粉	2 茶匙		
		香菇末	4 朵	白胡椒粉	1 茶匙		
		蝦米	30	醬油	1/2 大匙		

做法

1 熱鍋放入蝦米、紅蔥頭末爆香。

2 加入豬絞肉炒熟。

3 加入其餘材料 B，拌炒至滾。

4 將材料 A 混合拌勻成米漿。

5 將米漿倒入。

6 繼續炒至糊狀，要小心不要燒焦。

7 取一個碗，填入炒好的米漿。

8 表面擺上滷蛋、滷香菇，中火蒸 25 ～ 28 分鐘即可。

快 手 廚 娘 小 撇 步

＊ 米漿倒入鍋中時，可以先熄火，利用餘溫炒至糊狀，如溫度不夠可再加熱。

＊ 豬絞肉使用肥瘦比 2：8，粗絞 1 次，較有口感。

＊ 此配方不用沾醬就非常美味好吃了。

酸辣湯

材料 (g)

A		B		C		D	
豬肉絲	300	紅蘿蔔絲	100	鹽	1 大匙	太白粉	80
醬油	30	榨菜絲	100	雞粉	1 大匙	水	100
		木耳絲	100	白胡椒粉	1 茶匙	E	
		桶筍絲	100			高麗菜絲	200
		豆干絲	100			香菜	適量
		乾金針菜	30			雞蛋	2 顆
		青蔥花	100			黑醋	30
		高湯	3000				

做法

材料 B 放入湯鍋中，煮滾。

材料 A 先醃 5 分鐘，醃好後，先加入些許高湯攪拌均勻，再加入。

將材料 C 混合，先加入些許高湯攪拌均勻，再加入。

再放入高麗菜絲。

加入混合拌勻的材料 D 勾芡，倒入蛋液。

最後淋上黑醋，撒上香菜即完成。

快手廚娘小撇步

* 肉絲下鍋前可加些許湯汁拌勻，可以避免肉絲在鍋中成團無法攪拌散開，可減少攪拌的次數，才不會讓食材破碎。
* 湯頭先調味再勾芡，再倒入蛋液時，就可以打出很漂亮的蛋花。
* 乾金針菜只要洗乾淨就好，不需要泡水泡開，避免下鍋煮後會沒有口感。
* 使用豆干絲和榨菜絲取代傳統豆腐，能使酸辣湯更美味，口感更好。

四神牽腸掛肚湯

材料 (g)

A	B	C	D	E
豬肚　　1個	大骨　　1付	薏仁　　4兩	鹽　　　1大匙	當歸　　3錢
豬腸　　1斤	水　　3000	蓮子　　2兩	雞粉　　1大匙	川芎　　3錢
水　　2000		芡實　　1兩	燕麥奶　1大匙	枸杞　　3錢
薑片　　30		淮山　　1兩		米酒頭　1瓶
花椒粒　1大匙				

做法

1 準備好四神材料 C，薏仁可以先泡水隔夜。

2 準備好當歸藥酒材料 E，先浸泡 8 ～ 10 天，出味有香氣。

3 豬肚、豬腸買回來先用沙拉油、麵粉洗 2 ～ 3 次沖洗乾淨，再放入其餘材料 A 汆燙 10 分鐘去腥，撈出泡在冷水再洗乾淨。

4 材料 B 放入湯鍋中，加入處理好的豬肚、豬腸、材料 C。

5 煮滾後轉中小火煮約 50 ～ 60 分鐘，再用筷子刺豬肚和腸子，可以穿透即可加入材料 D。

6 也可放入電鍋，外鍋 3 杯水，跳起後外鍋再放 1 杯水，將豬肚、豬腸煮透，切成適口大小盛入碗中，放入四神料和湯，最後淋上 1 小匙當歸藥酒，即完成。

快手廚娘小撇步

＊ 豬肚、豬腸燙好後不可以先切，直接放入四神湯底煮，吃之前再切，才不會煮太爛口。

＊ 一般家庭製作時薏仁可以浸泡 1 ～ 2 小時就可以用電鍋煮。

＊ 加入燕麥奶可以讓湯頭味道更濃郁美味好吃。

Part 4

飯、麵、粥

飯、麵、粥是華人最主要的食物，如何將常見的主食變換出更多美味呢，搭配不同的食材、想法，就能讓簡單的米粉、麵、飯迸出新滋味！

高麗菜飯

▌ 材料 (g)

A		B		C		D	
香米	600	高麗菜條	600	豬肉絲	200	鹽	1 大匙
沙拉油	3 大匙	乾香菇	6 朵	醬油	1 大匙	雞粉	2 大匙
		蝦米	80	米酒	1 茶匙	白胡椒粉	1 大匙
		紅蘿蔔條	100			水	1 杯
		爆皮	100				
		青蒜絲	1 支				
		紅蔥頭	4 ～ 5 顆				

▌ 做法

1 材料 A 香米洗淨，加入沙拉油，加入 5 杯水，放入電鍋蒸熟；乾香菇泡發切條；爆皮泡熱水泡發，切條狀；材料 C 先醃 5 分鐘。

2 冷鍋下紅蔥頭片、蝦米爆香。

3 再加入醃好的豬肉絲、紅蘿蔔條、香菇絲，炒香。

4 加入青蒜絲、爆皮條，拌炒均勻。

5 加入材料 D，拌炒均勻，煮滾。

6 加入高麗菜條，炒至軟盛盤，配上一碗香米即完成。

快 手 廚 娘 小 撇 步

＊ 香米中加入沙拉油煮，煮好的米飯會較香。

梅花肉咖哩飯

材料 (g)

A		B		D	
梅花肉塊	1 斤	花椰菜	1 顆	太白粉	40
紅蘿蔔塊	200	白飯	適量	水	100c.c.
馬鈴薯塊	200				
洋蔥塊	200	C			
咖哩粉	40	雞粉	1 大匙		
水	600c.c.	鹽	1/2 大匙		

做法

熱鍋冷油炒香洋蔥塊。

加入梅花肉塊拌炒至 3 分熟，加入咖哩粉炒香。

再加入紅蘿蔔塊、馬鈴薯塊、水，攪拌均勻至滾。

加入材料 C 攪拌均勻，燜煮30 分鐘。

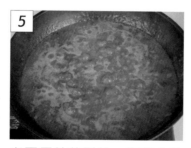

煮至馬鈴薯鬆軟，梅花肉軟嫩。

加入調勻的材料 D 勾芡，搭配燙熟的花椰菜、白飯，即完成。

快 手 廚 娘 小 撇 步

＊ 咖哩粉要炒過會比較香。

＊ 也可以再多加 1/2 量的咖哩塊，風味會更濃醇香。

傳統油飯

材料 (g)

A		B		C		D	
長糯米	1 斤	肉絲	150	醬油	2 大匙	香菜末	少許
		香菇絲	1/2 杯	鹽	1/2 茶匙		
		蝦米	80	雞粉	1 大匙		
		紅蔥頭末	50	五香粉	1/2 大匙		
		豬油	1 杯	高湯	250 ～ 300c.c.		
		紅蔥酥	1/2 杯				

做法

長糯米泡水 4～5 小時瀝乾，放入木桶大火蒸 15 ～ 16 分鐘，10 分鐘時須先開蓋搓洞透氣，蒸熟備用。

熱鍋放入豬油、紅蔥頭末、蝦米爆香。

再放入香菇絲、肉絲炒香。

加入材料 C 煮滾。

將蒸熟長糯米，放入鍋中，再將炒好的料倒入拌勻。

加入紅蔥酥混合拌勻，盛入碗中，加入適量香菜末即完成。

快手廚娘小撇步

＊ 如果使用電鍋蒸，一杯糯米加 0.7 杯的水。

五行素油飯

材料 (g)

A		B		C		D	
長糯米	2 斤	素肉絲	100	醬油	4 大匙	香菜末	少許
		香菇丁	1 杯	鹽	1 茶匙		
		杏鮑菇丁	1 杯	香菇粉	1 大匙		
		紅蘿蔔丁	1 杯	冰糖	1 大匙		
		毛豆仁	1 杯	白胡椒粉	1 茶匙		
		黑麻油	2 杯	素高湯	500～600c.c.		

做法

1
長糯米泡水4～5小時瀝乾，放入木桶大火蒸 15～16 分鐘，10 分鐘時須先開蓋搓洞透氣，蒸熟備用。

2
熱鍋放入黑麻油、香菇丁爆香。

3
放入紅蘿蔔丁、杏鮑菇丁、材料 C，混合均勻，煮滾。

4
加入毛豆仁拌勻至熟。

5
將蒸熟長糯米，放入鍋中，再將炒好的料倒入拌勻。

6
盛入碗中，加入適量香菜末即完成。

快手廚娘小撇步

＊ 加入材料 C 煮滾後再放入毛豆仁，能保持毛豆的口感。

＊ 如果使用電鍋蒸，一杯糯米加 0.7 杯的水。

台式飯糰

材料 (g)

A		B	
長糯米	2 斤	老油條	3 條
		肉鬆	適量
		榨菜丁或菜脯	半斤
		杏仁條	適量

做法

1

長糯米泡水 4～5 小時瀝乾，放入木桶大火蒸 15～16 分鐘，10 分鐘時須先開蓋搓洞透氣，蒸熟備用。

2

將食材準備好，老油條要先放入烤箱上下火 150℃ 烤脆。

3

準備一條布巾，放上飯糰袋，鋪上飯，依序放上肉鬆、榨菜丁、杏仁條、老油條。

4

將飯糰袋兩邊拉起，捲起。

5

兩邊折起。

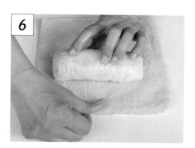

6

捲起時，要拉緊，再捲起，即完成。

快 手 廚 娘 小 撇 步

＊ 如果使用電鍋蒸，一杯糯米加 0.7 杯的水。

香腸海盜飯糰

材料 (g)

A		B		C	
長糯米	2 斤	荷包蛋	12 個	白醋	50
		蒜味香腸	12 條	冷開水	50
		剝皮辣椒	適量		
		杏仁條	適量		
		熟黑芝麻	適量		

做法

1 長糯米泡水 4～5 小時瀝乾，放入木桶大火蒸 15～16 分鐘，10 分鐘時須先開蓋搓洞透氣，蒸熟備用。

2 將食材準備好，剝皮辣椒先去籽切條狀；荷包蛋建議煎薄一點比較好包，香腸先蒸熟再煎香後使用。

3 準備一條布巾，放上飯糰袋，撒上黑芝麻，飯匙沾上調好的材料 C，在飯糰袋上鋪上飯，依序放上荷包蛋、杏仁條、剝皮辣椒、蒜味香腸。

4 將飯糰袋兩邊拉起，捲起。

5 兩邊折起。

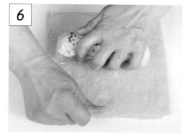

6 捲起時，要拉緊，再捲起，即完成。

── 快 手 廚 娘 小 撇 步 ──

＊ 如果使用電鍋蒸，一杯糯米加 0.7 杯的水。

＊ 黑芝麻可以使用海苔取代，如果要區分不同口味，也可以使用少許紫糯米來區分。

夜市蝦仁羹

▌材料（g）

A		C		D		F	
蝦仁	300	香菇絲	1/2 杯	太白粉	100	沙茶醬	1 大匙
柴魚粉	1/2 茶匙	筍籤	1 碗	水	150c.c.	細砂糖	1 茶匙
米酒	1 大匙	高湯	3000c.c.			醬油	4 大匙
鹽	1/4 茶匙	柴魚粉	1/2 大匙	E		香油	2 大匙
白胡椒粉	1/2 茶匙	冰糖	2 大匙	雞蛋	3 顆	黑醋	2 大匙
細地瓜粉	4 大匙	鹽	1 大匙	九層塔	適量	白胡椒粉	1/2 茶匙
		白胡椒粉	1/2 茶匙			蒜泥	1 大匙
B		大蒜酥	3 大匙			薑汁	少許
花枝漿	500	紅蔥酥	3 大匙			飲用水	適量
紅麴粉	1/2 茶匙						

材料 A 混合拌勻。

材料 B 混合拌勻。

將拌勻的材料 A、B 混合拌勻。

材料 C 放入湯鍋中煮滾，轉小火。

將混合好的蝦仁漿，放在手上，用食指推出形狀，讓花枝漿能裹在蝦仁外。

放入 50℃的湯中，煮至蝦仁熟透。

加入拌勻的材料 D 勾芡。

將雞蛋打散，倒入湯中。

再次煮滾熄火，盛入碗中，加入九層塔，再加入適量調勻的材料 F 淋醬提味，即完成。

──── 快 手 廚 娘 小 撇 步 🍴 ────

＊ 使用紅麴粉能使蝦仁煮熟時和花枝漿的顏色一樣，較美觀。

＊ 筍籤也可以使用白蘿蔔、大白菜取代。

＊ 海鮮羹類的配料一定是放九層塔，肉類的配料是香菜才對味。

香菇肉羹

▍材料（g）

A

後腿肉塊	300
醬油	1 大匙
米酒	1 大匙
鹽	1 茶匙
白胡椒粉	1 茶匙
五香粉	1/2 茶匙
細砂糖	1 大匙
蒜泥	1 大匙

B

貢丸漿	300
細地瓜粉	1/2 杯

C

香菇絲	1 杯
筍籤	1 杯
蒜泥	適量
鹽	1 大匙

醬油	1 大匙
白胡椒粉	1/2 茶匙
雞粉	2 大匙
冰糖	2 大匙
烏醋	2 大匙
蒜酥	適量
高湯	2500c.c.

D

細地瓜粉	100
水	100c.c.

E

雞蛋	2 顆
香菜	適量

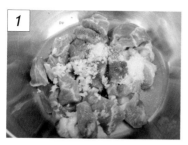

材料 A 混合拌勻，醃 30 分鐘。

再加入細地瓜粉，拌勻。

再加入貢丸漿混合拌勻。

材料 C 放入湯鍋中煮滾，轉小火。

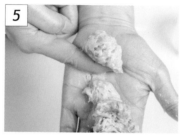

將混合好的肉羹漿，放在手上，食指沾水，推出形狀，讓貢丸漿能裹在後腿肉外。

放入 50℃的湯中，煮至熟透。

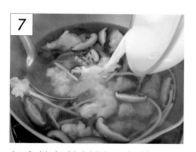

加入拌勻的材料 D 勾芡。

將雞蛋打散，倒入湯中。

再次煮滾熄火，盛入碗中，加入適量香菜，即完成。

快 手 廚 娘 小 撇 步

＊ 加入細地瓜粉能使後腿肉表面乾燥，才能裹上貢丸漿。

＊ 筍籤也可以使用白蘿蔔、大白菜取代。

浮水魚羹

▌材料（g）

A

無刺虱目魚片	1 尾約 400 克
雞粉	2 茶匙
米酒	1 大匙
鹽	1/2 茶匙
白胡椒粉	1/2 茶匙
蒜泥	1 大匙

B

虱目魚漿	300
細地瓜粉	1/2 杯

C

筍籤	200
雞粉	2 茶匙
冰糖	2 大匙
鹽	1 大匙
白胡椒粉	1 茶匙
高湯	3000c.c.

D

細地瓜粉	100
水	100c.c.

E

蒜酥	5 大匙
九層塔	適量
薑絲	適量

材料 A 混合拌勻,醃 30 分鐘。

再加入細地瓜粉,拌勻。

再加入虱目魚漿混合拌勻。

材料 C 放入湯鍋中煮滾,轉小火。

將混合好的虱目魚漿,放在手上,食指沾水,推出形狀,讓魚漿能裹在虱目魚外。

放入 50℃的湯中,煮至熟透。

加入拌勻的材料 D 勾芡。

再次煮滾。

再次煮滾熄火,盛入碗中,加入九層塔、蒜酥、薑絲即完成。

快 手 廚 娘 小 撇 步

＊ 加入細地瓜粉能使虱目魚表面乾燥,才能裹上魚漿。

＊ 筍籤也可以使用白蘿蔔、大白菜取代。

＊ 海鮮羹類的配料要放薑絲、九層塔才對味。

旗魚米粉湯

材料（g）

A		C		D		E	
炊粉	300	豬油	1/2 杯	雞粉	1 大匙	豆皮	100
高湯	3000c.c.	香菇絲	50	鹽	1 大匙	魚丸	300
		青蒜絲	2 根	白胡椒粉	1 茶匙		
B		蝦米	50			F	
旗魚肉	300	紅蔥頭末	50			芹菜珠	適量
						油蔥酥	適量

做法

旗魚肉切 2×2 公分塊狀，先汆燙。

材料 A 放入鍋中煮滾 5 ～ 10 分鐘。

材料 C 放入鍋中炒香。

將炒好的料放入炊粉湯鍋中。

煮滾，加入材料 D 調味，再加入燙好的旗魚肉。

再加入材料 E 煮熟，盛入碗中，加入適量材料 F，即完成。

快 手 廚 娘 小 撇 步

＊ 香菇絲建議使用乾香菇泡開，會比較香。

＊ 使用炊粉取代傳統米粉，湯汁較不易被吸乾。

台式涼麵

材料 (g)

A		B		C	
雞胸肉	半付	芝麻醬	半杯	芝麻醬	100
小黃瓜絲	2 條	香油	3 大匙	香油	4 大匙
紅蘿蔔絲	1 條	花生醬	3 大匙	花生醬	2 大匙
熟細黃油麵	2 斤	蒜泥	2 大匙	細砂糖	2 大匙
火腿絲	適量	醬油	60	醬油膏	50
		味醂	1/4 杯	香菇素蠔油	50
		白醋	60c.c.	飲用水	80c.c.
		飲用水	150c.c.	白醋	50c.c.
				醬油	30c.c.

做法

1 材料 B 中，芝麻醬加入香油混合。

2 拌勻成滑順醬汁。

3 再加入其餘材料 B 調成醬汁 (素食者請調材料 C 的素食醬汁食用)。

4 將熟細黃油麵放入盤中，擺上小黃瓜絲、紅蘿蔔絲、火腿絲，淋上醬汁，即完成。

快 手 廚 娘 小 撇 步

＊ 可以運用花生醬來調整醬汁的濃稠度和香氣。

＊ 花生醬如果是買無糖的，可以酌量加細砂糖調整味道。

＊ 也可以在醬汁中加入芥末或辣油、辣渣，增添風味，視個人口味。

＊ 調製醬汁時，可以使用果汁機或調理機，能打出更滑順的醬汁。

什錦芋頭粥

材料 (g)

A		B		C		D	
白米	300	豬油	50	豆包	150	芹菜珠	100
水	2500c.c.	香菇絲	50	雞粉	1 大匙	油蔥酥	50
芋頭塊	1 斤	蝦米	50	鹽	1 大匙	青蒜絲	半斤
		五花肉絲	150	白胡椒粉	1 茶匙		
				香油	2 大匙		

做法

水煮滾，加入白米、芋頭塊煮滾，中小火
煮 20 分鐘，加蓋燜 20 分鐘。

熱鍋放入材料 B 炒香。

將炒香料放入煮好的粥中。

煮滾放入材料 C 煮滾，食用前撒上適量的
材料 D。

快手廚娘小撇步

＊ 米洗淨後，可以先加水浸泡 30 分鐘再煮，口感會更加美味。

＊ 芋頭不要煮太久，用燜煮法，形體才會較完整。

香菇竹筍粥

材料 (g)

A		C		D		E	
白米	300	開陽	50	竹筍	1 斤	芹菜珠	適量
水	2500c.c.	香菇絲	50	豆包	150	蒜酥	適量
				貢丸	150		
B				雞粉	2 大匙		
豬肉絲	150			鹽	1 大匙		
醬油	1 大匙			白胡椒粉	1 茶匙		
水	1 大匙			香油	適量		

做法

1 水煮滾，加入白米，中小火煮 20 分鐘，加蓋燜 20 分鐘。

2 材料 B 醃 10 分鐘。

3 熱鍋，放入材料 C 炒香，加入醃好的豬肉絲。

4 炒好的料放入粥中。

5 煮滾後，放入材料 D 攪拌均勻。

6 煮熟後，盛入碗中，加入適量的芹菜珠、蒜酥，即完成。

快 手 廚 娘 小 撇 步

＊ 米洗淨後，可以先加水浸泡 30 分鐘再煮，口感會更加美味。

＊ 豆皮和貢丸可切片或切條均可。

＊ 竹筍需事先煮熟，或是和米同時一起燜煮均可。

Part 5

點心

傳統作法的美味點心一次報給你知，一道道經典，讓廚娘與你手把手做出來品嚐！經典的蘿蔔糕、鬆糕、草仔粿的美食饗宴，還在等甚麼呢！一起來下廚啦！

台式燒賣

▌材料（g）

A

豬絞肉	150	香油	1 大匙
鹽	1 茶匙	油蔥酥	2 大匙
魚漿	300	**B**	
掛藷丁	1 杯	燒賣皮	300
洋蔥丁	1 杯	**C**	
太白粉	2 大匙	蝦仁	適量
細砂糖	2 大匙	青豆仁	適量
白胡椒粉	1/2 茶匙	紅蘿蔔末	適量
蔥白末	2 大匙		

材料 A 混合拌勻。

完成燒賣餡，放入冷藏 20 分鐘。

如果沒有燒賣皮，可以買餛飩皮，剪成圓形的。

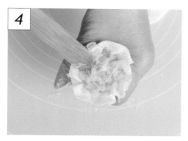

取一張皮，放在弧口處，填入餡料 45 公克。

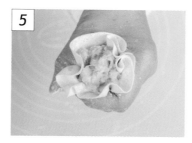

捏成燒賣狀。

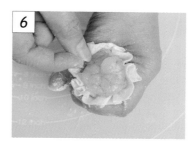

放上蝦仁。

放上青豆仁。

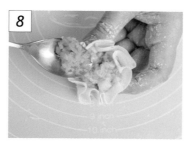

放上紅蘿蔔末。

放入蒸籠，蒸前噴上水，大火蒸約 8～10 分鐘。

快手廚娘小撇步

＊ 紅蘿蔔末也可以使用蝦卵、蟹黃，來取代。

＊ 蒸之前噴水可以防止皮乾掉。

＊ 也可以使用水餃皮稍擀開再包成大燒賣，風味口感也很棒。

＊ 每個 45 公克，約 16～18 個。

・台式米漿蘿蔔糕

| 材料（g）

A
| 舊的在來米 | 300 |
| 白蘿蔔水 | 500c.c. |

B
白蘿蔔絲	600
白蘿蔔水	100c.c.
沙拉油	1 大匙

C
雞粉	1 大匙
鹽	1/2 大匙
冰糖	3 大匙
白胡椒粉	1/2 茶匙

D
醬油膏	1/2 杯
糖粉	1 大匙
香油	1 大匙
蒜泥	2 大匙
飲用水	1/2 杯

1 白蘿蔔買來取 600 公克刨成粗絲，剩下的蘿蔔加水打成白蘿蔔水取 600c.c. 備用。

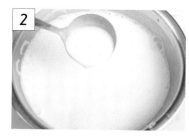

2 舊的在來米洗淨泡水 6～8 小時，瀝乾加入材料 A 的白蘿蔔水 500c.c. 打成米漿。

3 熱鍋加入沙拉油、白蘿蔔絲，炒軟後，加入材料 B 中的白蘿蔔水 100c.c. 煮開。

4 加入材料 C 調味拌勻。

5 米粉漿 A 先拌勻再一次倒入鍋中。

6 小火拌炒，攪拌成糊狀，即可起鍋。

7 倒入模具中抹平，表面再抹油。

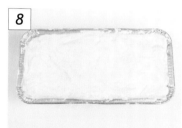

8 放入蒸籠中，中火，蒸 50～60 分鐘，放涼再取出切片煎香，可以搭配調勻的材料 D 沾醬食用。

9 蒸好的蘿蔔糕，也可以切片沾蛋黃液煎香，會更好吃。

快 手 廚 娘 小 撇 步

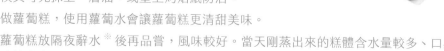

＊ 倒入粉漿後，轉小火拌炒，以免太快結塊。

＊ 可以用電鍋蒸，外鍋水放 3 杯，跳起後再燜 20 分鐘。

＊ 表面抹油，可以防止水氣透入糕體。

＊ 模具可先抹上一層油，或墊上烤焙紙防沾。

＊ 做蘿蔔糕，使用蘿蔔水會讓蘿蔔糕更清甜美味。

＊ 蘿蔔糕放隔夜辭水[※]後再品嘗，風味較好。當天剛蒸出來的糕體含水量較多、口感比較沒有那麼好。

※ 辭水：或稱「消水」，靜置待其水分蒸發的過程。

台式米漿芋頭糕

材料（g）

A		B		C		D	
舊的在來米	300	紅蔥頭	5 大匙	芋頭絲	300	鹽	1/2 大匙
水	500c.c.	蝦米	5 大匙	熱水	500c.c.	冰糖	3 大匙
						白胡椒粉	1 茶匙

做法 -

舊的在來米洗淨泡水 6 ～ 8 小時，瀝乾加水打成米漿。

熱鍋爆香材料 B 紅蔥頭末、蝦米。

加入材料 C。

煮滾，加入材料 D 調味拌勻。

米漿 A 先拌勻再一次倒入鍋中。

小火拌炒，攪拌成糊狀，即可起鍋。

倒入模具中，抹平。

在表面抹油，放入蒸籠中，中火蒸 50 ～ 60 分鐘，放涼再取出切片煎香即完成。

快 手 廚 娘 小 撇 步

＊ 倒入粉漿後，轉小火拌炒，以免太快結塊。

＊ 可以用電鍋蒸，外鍋水放 3 杯，跳起後再燜 20 分鐘。

＊ 表面抹油，可以防止水氣透入糕體。

＊ 模具可先抹上一層油，或墊上烤焙紙防沾。

＊ 芋頭糕放隔夜辭水後再品嘗，風味較好。

臘味芋頭地瓜糕

材料 (g)

A		B		C			
在來米粉	120	蝦米	15	芋頭丁	80	鹽	4
澄粉	20	臘肉丁	30	紫地瓜丁	80	味素	10
太白粉	20	臘腸丁	30	黃地瓜丁	80	冰糖	10
玉米粉	20			熱水	250c.c.	白胡椒粉	1
冷水	300c.c.						

做法

材料 A 攪拌均勻。

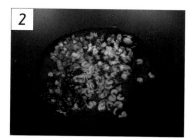

熱鍋爆香材料 B。

加入材料 C 煮滾。

一次倒入先拌均勻的材料 A。

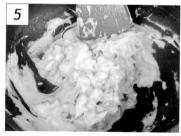

小火拌炒，攪拌成糊狀，即可起鍋。

倒入模具中，表面抹油，放入蒸籠中，蒸約 40～50 分鐘，放涼取出切片煎香，即完成。

快手廚娘小撇步

＊ 倒入粉漿後，轉小火拌炒，以免太快結塊。

＊ 可以用電鍋蒸，外鍋水放 2 杯，跳起後再燜 20 分鐘。

＊ 每一家的臘肉、臘腸鹹度不同，調味料可以斟酌添加。

＊ 芋頭丁、紫地瓜丁、黃地瓜丁總共 240 克，也可以只使用兩種，各 120 克即可。

＊ 表面抹油，可以防止水氣透入糕體。

＊ 模具可先抹上一層油，或墊上烤焙紙防沾。

港式臘味蘿蔔糕

材料 (g)

A		B		C	
在來米粉	180	蝦米	15	白蘿蔔絲	600
澄粉	30	臘肉丁	30	熱水	250c.c.
太白粉	30	臘腸丁	30	鹽	10
玉米粉	30			味素	25
水	400c.c.			冰糖	30
				白胡椒粉	1

做法

材料 A 攪拌均勻。

熱鍋爆香材料 B，加入材料 C。

煮滾。

一次倒入調好的材料 A。

小火拌炒，攪拌成糊狀，即可起鍋。

倒入模具中，表面抹油，放入蒸籠中，蒸 40 ～ 50 分鐘，放涼取出切片煎香，即完成。

快 手 廚 娘 小 撇 步

＊ 倒入粉漿後，轉小火拌炒，以免太快結塊。

＊ 可以用電鍋蒸，外鍋水放 2 杯，跳起後再燜 20 分鐘。

＊ 表面抹油，可以防止水氣透入糕體。

＊ 模具可先抹上一層油，或墊上烤焙紙防沾。

美人腿糕

▋材料 (g)

A		B		C	
水磨在來米粉	160	蝦米	15	美人腿條(茭白筍)	150
太白粉	60	紅蔥頭末	15	鹽	1/2 大匙
水	380c.c.	熱水	400c.c.	雞粉	1/2 大匙
				冰糖	1 大匙
				白胡椒粉	1/2 茶匙

▋做法

材料 A 攪拌均勻。

熱鍋爆香材料 B。

加入材料 C 煮滾。

一次倒入調好的材料 A。

小火拌炒，攪拌成糊狀，即可起鍋。

倒入模具中，表面抹油，放入蒸籠中，蒸 40～50 分鐘，放涼取出切片煎香，即完成。

—— 快手廚娘小撇步 ——

＊ 倒入粉漿後，轉小火拌炒，以免太快結塊。

＊ 可以用電鍋蒸，外鍋水放 2 杯，跳起後再燜 20 分鐘。

＊ 表面抹油，可以防止水氣透入糕體。

＊ 模具可先抹上一層油，或墊上烤焙紙防沾。

＊ 美人腿 (茭白筍) 切粗條不要切丁，在切糕體時才較不易脫落。

無麩質紅豆鬆糕

▌材料 (g)

A
雪花糯米粉　　300
在來米粉　　　120
棉白糖　　　　 80

B
牛奶　　　250c.c.

C
蜜紅豆粒　　　100
紅豆餡　　　　120
蜜花豆　　　　適量
蜜餞　　　　　適量

材料 A 攪拌均勻。

牛奶加熱至 35 ～ 40℃，加入拌勻的材料 A 中。

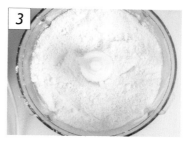

放入調理機中，打碎成粉粒狀。

再用20目網過篩，成細粒狀。

篩好的粉粒加入蜜紅豆粒，拌勻。

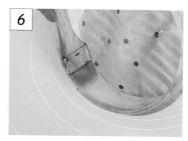

取一個蒸籠，放上蒸籠紙，抹上油，連邊緣都要抹上。

拌好的粉粒填入一半。

將紅豆餡做成圓圈狀，放上。

再蓋上一層粉粒，表面裝飾蜜餞，放入蒸籠蒸 30 ～ 35 分鐘，即完成。

快手廚娘小撇步

＊ 也可以使用電鍋蒸，外鍋放 2 杯水，跳起燜 15 分鐘。

＊ 表面蜜餞裝飾可以視個人喜好擺放。

＊ 牛奶可以用水、豆漿、紅豆水代替。

＊ 不好鋪平可以用刷子輔助。

＊ 蜜紅豆粒和紅豆餡可視個人喜好自由增減。

無麩質芝麻鬆糕

材料（g）

A			B			C		
雪花糯米粉	300		牛奶	250c.c.		熟芝麻粉	60	
在來米粉	120					紅豆餡	60	
棉白糖	100					蜜紅豆粒	適量	
						核桃	適量	

材料 A 攪拌均勻。

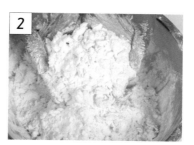

牛奶加熱至 35 ～ 40℃，加入拌勻的材料 A 中。

放入調理機中，打碎成粉粒狀。

再用20目網過篩，成細粒狀。

再加入熟芝麻粉，混合拌勻。

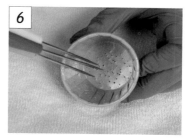

取一個模具，刺許多洞。

拌好的粉粒填入一半。

將紅豆餡做成圓餅狀，放入。

再蓋上一層粉粒，表面裝飾蜜紅豆粒或核桃，放入蒸籠蒸 15 ～ 18 分鐘，即完成。

快 手 廚 娘 小 撇 步

＊ 也可以使用電鍋蒸，外鍋放 1 杯水，跳起燜 15 分鐘。

＊ 表面裝飾可以視個人喜好擺放。

＊ 牛奶可以用水、豆漿代替。

＊ 不好鋪平可以用刷子輔助。

＊ 芝麻鬆糕也可以做成大模的，但蒸的時間要延長。

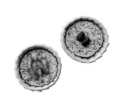

無麩質狀元糕

材料 (g)

A			B		C		D	
雪花糯米粉	300		牛奶	250c.c.	熟花生粉	60	蜜紅豆	適量
在來米粉	120				糖粉	60		
棉白糖	100							

做法

材料 A 攪拌均勻。

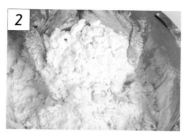

牛奶加熱至 35 ～ 40℃，加入拌勻的材料 A 中。

放入調理機中，打碎成粉粒狀。

再用20目網過篩，成細粒狀。

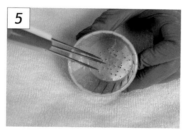

取一個模具，刺許多洞。

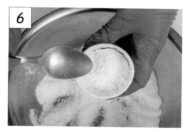

拌好的粉粒填入一半。

放入材料 D 蜜花豆，再蓋上一層粉粒。

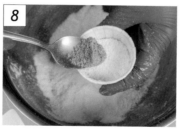

也可以放入熟花生粉，再蓋上一層粉粒。

表面裝飾熟花生粉，放入蒸籠蒸 15 ～ 18 分鐘，即完成。

快手廚娘小撇步

＊ 也可以使用電鍋蒸，外鍋放 1 杯水，跳起燜 15 分鐘。

＊ 表面裝飾可以視個人喜好擺放。

＊ 牛奶可以用水、豆漿代替。

＊ 不好鋪平可以用刷子輔助。

無麩質椰香鬆糕

材料（g）

A		B		C			
雪花糯米粉	300	椰奶	150c.c.	椰子粉	60	紅棗	適量
在來米粉	120	水	100c.c.	紅豆夾心餡	60	核桃碎	適量
棉白糖	100			蜜花豆	適量		

▌做法 --

材料 A 攪拌均勻。

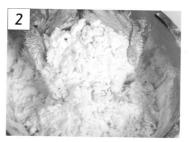

材料 B 椰奶、水加熱至 35 ～ 40℃，加入拌勻的材料 A 中。

放入調理機中，打碎成粉粒狀。

再用 20 目網過篩，成細粒狀。

拌入椰子粉。

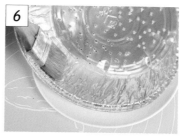

取一個模具，刺許多洞透氣，再抹上沙拉油防沾。

拌好的粉粒填入一半。

放入分割好的紅豆夾心餡，再蓋上一層粉粒。

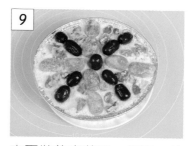

表面裝飾蜜花豆、紅棗、核桃碎，放入蒸籠蒸 30 ～ 35 分鐘，即完成。

──── 快 手 廚 娘 小 撇 步 ────

＊ 也可以使用電鍋蒸，外鍋放 2 杯水，跳起燜 15 分鐘。

＊ 表面裝飾可以視個人喜好擺放。

＊ 牛奶可以用水、豆漿代替。

＊ 不好鋪平可以用刷子輔助。

＊ 內餡夾心豆沙，中心點不要放，較能透氣蒸熟，切塊時，外型也較能工整美觀。

無麩質紅豆烤年糕

材料 (g)

A		B	
雪花糯米粉	300	蜜紅豆粒	75
細砂糖	90	C	
全蛋（二個）	100	核桃碎	50
鮮奶	180		

做法

取一個烤模，放入烤焙紙，抹上油。

將材料 A 混合拌勻。

加入蜜紅豆粒，拌勻。

倒入模具中，表面抹上油。

撒上核桃碎。(5 吋 x 2 模)

放入烤箱，上下火 170/180℃，烤 30 分鐘，再轉向續烤 8 ～ 10 分鐘。

富貴核桃雪花年糕

材料 (g)

A			C	
雪花糯米粉	300		桂圓	150
水	350c.c.		熟核桃	150

B	
黑糖粉	50
水	30c.c.
85% 水麥芽	250

快 手 廚 娘 小 撇 步

* 也可以使用蒸籠，中大火蒸約 30 分鐘。
* 蒸好後一定要揉過，才會 Q 彈。
* 核桃不可放入粉漿中一起蒸，會失去脆度。
* 如買到生核桃，放入烤箱上下火 130/130℃，烤 18 ～ 20 分鐘。
* 營業版可以在粉漿中加入桂圓香精，會更香。

1 取一個烤模，鋪入底紙，備用。

2 材料 A 混合拌勻。

3 材料 B 放入鍋中，隔水加熱至混合均勻。(黑糖需先過篩到沒有顆粒)

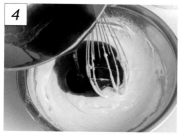

4 將均勻的黑糖水沖入粉漿中。

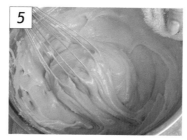

5 再隔水加入至糊化。

6 倒入模具中，放入電鍋，外鍋 1.5 杯水，跳起燜 15 分鐘。

7 取一塑膠袋，倒入一點油。

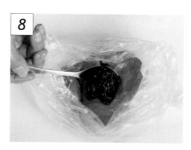

8 將蒸好的年糕放入塑膠袋中，再放入桂圓。

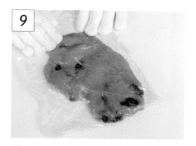

9 搓揉 6 ～ 10 分鐘，也可使用攪拌缸打至 Q 彈。

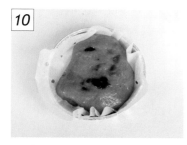

10 取出，抹擀平糕體放入部分碎核，再折疊成圓形狀，放入墊有烤焙紙的模具中。

11 刮刀抹上油，整型，抹平，5 吋 ×2 模。

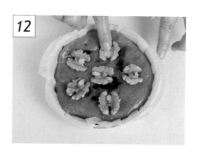

12 擺上熟核桃即完成。

無麩質鼠麴草仔粿

材料 (g)	
A	
水	270 ～ 280c.c.
細砂糖	120
鼠麴草渣	80
沙拉油	2 大匙
B	
雪花糯米粉	300
蓬萊米粉	30
C	
粽葉	8 葉
沙拉油	1 杯
D	
五花肉條	150
酸菜	300
蒜末	30
辣椒末	1 根
細砂糖	2 大匙
白胡椒粉	1/2 茶匙

1 乾鼠麴草先泡水 1 小時，洗淨後加水煮 40 分鐘，打成泥狀，去水取渣 80 公克。

2 材料 D 五花肉條、蒜末、辣椒末爆香。

3 加入酸菜、細砂糖、白胡椒粉拌炒均勻，放涼備用。

4 材料 A 放入鍋中，煮滾。

5 材料 B 加入煮滾的材料 A，混合成米糊團。

6 分割每團 80 公克，手粉使用糯米粉。

7 取一團做出凹洞，放入餡料 30 公克。

8 包起搓圓，將粽葉剪成圓形沾點油，放上包好的草仔粿。

9 放入蒸籠，中火蒸 20 分鐘，蒸到 12 分鐘時，掀蓋 30 秒透氣，再蒸約 7 ～ 8 分鐘，即完成。

快 手 廚 娘 小 撇 步

＊ 如果是使用新鮮的鼠麴草，洗淨後，加水、1 茶匙鹽煮 5 分鐘，撈起再加水打成泥狀，去水取渣 80 公克。

＊ 粽葉使用前，先泡水半天至軟，再水煮 20 分鐘，洗淨瀝乾。

＊ 五花肉條也可以使用豬絞肉。

＊ 酸菜也可以使用菜脯米或紅豆餡。

＊ 鼠麴草也可以使用艾草或鼠麴草粉代替。

＊ 如果買到的酸菜酸度不夠，可加少量白醋，增加酸香味。

無麩質甜心粿粽

材料 (g)

A		B		C		D	
80℃ 沸水	270 ～ 280c.c.	雪花糯米粉	300	粽葉	8 葉	紅豆餡	150
細砂糖	50	蓬萊米粉	30	棉繩	8 條	蜜紅豆粒	150
紫薯粉	1 ～ 2 茶匙			沙拉油	1 杯		
沙拉油	30						

做法

材料 A 混合拌勻。

到入材料 B 中，攪拌均勻。

成粉團。

材料 D 混合拌勻。

粉團分割每個 80 公克，紅豆粒餡分割每個 30 公克。

取一團做出凹洞，放入餡料。

包起搓圓。

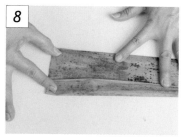

取一片粽葉，依圖示 1/3 地方折起。

打開成凹洞。

做法接續後頁 ▶▶▶

10

將包好的甜心粿沾上油。

11

放入凹洞中，輕壓。

12

折起粽葉。

13

再將多出來的粽葉順著形狀折起來。

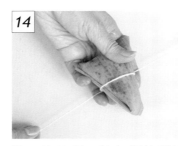

14

取一條棉繩，將包好的粿粽放在繩子 1/3 的位置，捲起兩圈。

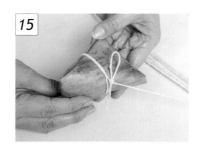

15

打上結，放入蒸籠，中火蒸 23 ～ 25 分鐘，蒸到 15 分鐘時，掀蓋 30 秒透氣，再蒸約 8 ～ 10 分鐘，即完成。

快 手 廚 娘 小 撇 步

＊ 粽葉使用前先對折 (泡完水才不會捲起來)，泡水半天至軟，再水煮 20 分鐘，洗淨瀝乾。

＊ 紅豆餡和蜜紅豆粒混合，可以增加口感。

＊ 紫薯粉也可以使用紅麴粉代替。

鴉片麻辣堅果拌醬 200g

優惠價：320 元 〈定價：349 元〉

RANKING No.1

- ☑ 純手工製作
- ☑ 無添加防腐劑
- ☑ 麻辣口味，味介中小辣，香氣足，口感超過癮！
- ☑ 素食可食，食用時，請先上下攪拌

麻醬堅果拌醬 200g

優惠價：320 元 〈定價：349 元〉

RANKING No.2

- ☑ 純手工製作
- ☑ 無添加防腐劑
- ☑ 素食可食，食用時，請先上下攪拌

堅果三明治

快手廚娘
美｜味｜醬｜料
快手廚娘

無麩質麻糬

材料 (g)

A		B	
雪花糯米粉	300	熟花生粉	100
鮮奶	280～300c.c.	熟芝麻粉	100
沙拉油	1大匙	熟太白粉	100
		糖粉	適量
		紅豆餡	適量

做法

1 材料 A 攪拌均勻。

2 取一蒸籠，放入打濕的蒸籠布或烤焙紙。

3 放入拌勻的粉團，表面弄平整才不會受熱不均。

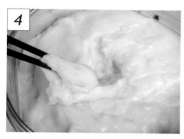

4 放入電鍋，外鍋 2 杯水，蒸熟，用筷子撥開看中心有無白白的，沒有即蒸熟。

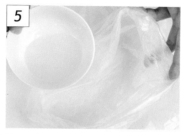

5 取一塑膠袋，倒入些許沙拉油。

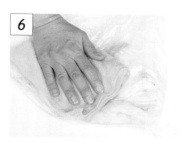

6 趁熱將麻糬放入，蓋上布搓揉至 Q 彈，也可以用攪拌缸打。

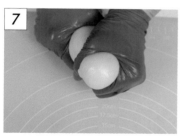

7 放涼後，用拇指和食指，擠壓切斷成適口大小。

8 熟花生粉、熟芝麻粉可以混合適量的糖粉拌勻。

9 將分割好的麻糬裹上混合好的粉，或是可以包入紅豆餡，裹上熟太白粉或椰子粉。

快手廚娘小撇步

* 材料 A 混合好，也可以放在盤子上去蒸，盤子上要記得抹上油，才不會黏。
* 分割麻糬時手上可以抹上些許油，會比較好分割。
* 可以依照喜好包入喜歡的餡料。
* 熟花生粉、熟芝麻粉也可以不用混合糖粉。
* 鮮奶可以用水代替。
* 保存常溫兩天，當天食用最美味。

波霸綠豆饌

▌材料 (g)

A		B		C	
脱殼綠豆仁	150	波霸黑珍珠	150	細砂糖	適量
芋頭丁	150			鮮奶	適量
				冰塊	適量

▌做法

1

材料 A 放入鍋中,加入稍蓋過的水,外鍋 1 杯水,蒸熟。

2

煮一鍋滾水,加入波霸黑珍珠,中小火煮 25 分鐘,加蓋燜 30 分鐘撈出。

3

加入適量的細砂糖或蜂蜜(防沾黏),拌勻,放涼備用。

4

蒸好的綠豆芋頭丁,加入微量的細砂糖拌勻。

5

加入煮好的波霸黑珍珠、鮮奶、冰塊,拌勻盛入碗中。

快 手 廚 娘 小 撇 步

＊ 芋頭也可以改放紫地瓜各一半,
色澤較美會更有賣相。

冠軍廚藝還在用二砂白糖撐場？

國際認證黑糖 讓您 Hold 住全場

全台灣最好頂級黑糖可直接當糖果食用，自然結晶顆粒入口甘醇不反酸

2019
A.A無添加
★★★

2020
世界品質評鑑大賞
銀牌獎

2021
A.A全球純粹風味評鑑
★★

2021
世界品質評鑑大賞
金牌獎

2021
A.A全球純粹風味評鑑
★★★

醇黑糖粒
可直接食用 300g

更多中西料理
食譜請上官網

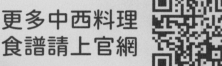

醇黑糖細粉
烘焙料理用 250g

醇黑糖蜜
萬用 250g

  台灣黑糖第一品牌

愛用者服務專線：02-77093699
聯絡地址：台北市北投區中央南路2段36號2樓
網址：www.simagp.com

Pure 純淨
Natural 天然
Additive-Free 無添加物
Gluten-Free 無麩質過敏原
Customized 客製化生產

100% 純水磨製程
100% WET MILL PROCESS

堅持優良品質
CONSISTENT IN QUALITY

SUPERIOR ROUND GRAIN GLUTINOUS RICE FLOUR 雪花粉

RICE PANCAKE & WAFFLE MIX 米鬆餅粉

SUPERIOR ROUND GRAIN RICE FLOUR 超級水磨蓬萊米粉

TAP SUPERIOR ROUND GRAIN RICE FLOUR 產銷履歷蓬萊米粉

SUPERIOR GLUTINOUS RICE FLOUR 超級水磨糯米粉

SUPERIOR LONG GRAIN RICE FLOUR 超級水磨在來米粉

Let Ping Tung Foods help your best formula and cost optimization in your products 600g, 20kg, 25kg, 30kg and 500kg in your favor.

ISO9001 / ISO22000 / HALAL
PING TUNG FOODS Corp.
56, Hsin Sheng Road, Shin Tsuo Vill., Wan Luan, Ping Tung County, #92343, Taiwan

屏東農產脫份有限公司
TEL:886-8-7831133, FAX:886-8-7831075
e-mail: ptfoods@ptfoods.com.tw
www.ptfoods.com.tw

{ 活米吉食 }

唯豐【享粥道】即食保健全家人的營養

「享粥道」營養禮盒內含養生即食粥、採用高營養發芽活米，搭配尊享肉鬆與綜合堅果，
融合多種營養素，方便即刻食用。即時關懷保健全家人，首選「享粥道」營養禮盒。

線上購買　　　關注FB粉專

Cooking：13

快手廚娘的
創業秘笈
平民街頭的米其林小吃料理

國家圖書館出版品預行編目（CIP）資料

快手廚娘的創業秘笈 / 張麗蓉著 . -- 一版 . -- 新
北市：優品文化, 2022.06；208 面；19x26 公分 . --
（Cooking；13）
ISBN 978-986-5481-26-1（平裝）

1. 食譜

427.1   111006194

作　　　者　張麗蓉
總　編　輯　薛永年
美術總監　馬慧琪
文字編輯　董書宜
美術編輯　黃頌哲
攝　　　影　王隼人

出　版　者　優品文化事業有限公司
　　　　　　地址：新北市新莊區化成路 293 巷 32 號
　　　　　　電話：(02) 8521-2523 / 傳真：(02) 8521-6206
　　　　　　信箱：8521service@gmail.com (如有任何疑問請聯絡此信箱洽詢)

印　　　刷　鴻嘉彩藝印刷股份有限公司

業務副總　林啟瑞 0988-558-575

總　經　銷　大和書報圖書股份有限公司
　　　　　　地址：新北市新莊區五工五路 2 號
　　　　　　電話：(02) 8990-2588 / 傳真：(02) 2299-7900

網路書店　www.books.com.tw 博客來網路書店

出版日期　2022 年 6 月
版　　　次　一版一刷
定　　　價　480 元

上優好書網　　FB 粉絲專頁　　LINE 官方帳號　　Youtube 頻道